妆颜魅语

优雅女神成长手册

郭秋彤 ◎ 著

化学工业出版社
·北京·

图书在版编目（CIP）数据

妆颜魅语／ 郭秋彤编著．—北京：化学工业出版社，2017.10
（优雅女神成长手册）
ISBN 978-7-122-30684-5

Ⅰ．①妆…　Ⅱ．①郭…　Ⅲ．①女性－化妆－造型设计　Ⅳ．① TS974.12

中国版本图书馆CIP数据核字（2017）第 236869 号

责任编辑：李彦玲　　　　　　　　装帧设计：王晓宇
责任校对：王素芹

出版发行：化学工业出版社
　　　　　（北京市东城区青年湖南街 13 号　邮政编码 100011）
印　　装：北京新华印刷有限公司
880mm×1230mm　1/32　印张 5　字数 150 千字
2018 年 1 月北京第 1 版第 1 次印刷

购书咨询：010-64518888（传真：010-64519686）
售后服务：010-64518899
网　　址：http://www.cip.com.cn
凡购买本书，如有缺损质量问题，本社销售中心负责调换。

定　　价：45.00 元

在不知化妆为何物的年代，我最大的享受就是用彩笔把挂历上面的女明星们重新再画一遍，眼睛再黑点，嘴唇再红些，眉毛再浓点…… 看着满满一墙一屋的明星照片变成如我想象中美人的样子，心里全是满足。

后来，化妆造型就成了我这一生挚爱的工作。开始学习时就惊羡于经老师手而打造后的一张张生动的面孔，那么多经常在电视上看到的明星在没有化妆时原来和普通人无异，那么多普普通通的面孔经过化妆师的寥寥数笔后，变得明眸善睐，眉目传情。这种神奇的变幻让我醉心痴迷，这一醉，就是二十多年，用心去雕刻每一张面孔成了我一生追求的目标。

我是幸福的，因为我从事的职业恰恰是我最所挚爱的。是的，我爱化妆，我爱这一步步变化的过程，看着每一个女人从胆怯到自信，从素颜到美丽。

爱自己的女人会得到更多的爱。时光可以雕琢女人，同样也可以摧毁女人，我想让更多的人感受这种愉悦的幸福感，让更多普通平凡的面孔绽放出美丽的光芒。化妆并不难，因为每个人都应该是美丽的，只是还有很多人没有找到美丽的方法，和我一起，拿起化妆笔，看着镜子中那张熟悉的面孔，对她说：你，可以更美的！

衷心感谢尊敬的中国美发美容协会闫秀珍会长，中国流行乐坛的常青树、著名音乐人成方圆老师。感恩这一路有你们的帮助和陪伴。谢谢赵萍倩、高一童、朴美花及各位亲爱的小伙伴们的出言献策，还有书中的各位模特，无论素颜与否，在我心中，你们都是最美的！

郭秋彤

2017 年 8 月

目录

第一章

美丽心语

一、关于素颜

　　化妆，在现在的生活中，早已不是什么新鲜事了。女人们不再纠结是否需要化妆，而是在想如何能通过适合自己的化妆方法让自身变得更美丽。"颜值"这个词是现在很多人的流行用语，无论从事哪种职业，"颜值"都是大多数人先入为主所关注的焦点。

　　我知道，从古至今，不乏推崇素颜就是美的理论。很多女人认为"天然去雕饰"是她们所追求的至美境界，能够反映出超脱凡尘

的心态；很多男人也不希望自己身边的女人有什么修饰，最好是什么修饰都没有，任其自然生长，可是眼睛却又被那些精心装扮生动精致的面庞所吸引。

不修饰是自然状态。其实，崇尚美，追寻美，塑造美，本就是人之常情，想美就改变，要美就行动，大可不必犹抱琵琶半遮面，欲语还羞。素颜这件事，我觉得很大一部分是被广告误导了。在纸媒和屏幕中的各种广告，都是打着素颜的旗号，宣传着各自主推的产品。那里的美人看上去没有粉底却肤质柔滑，看上去不画眼线却明眸如水，看上去没有刷睫毛膏却如芭比般可爱……有的，只是我们看到的貌美如花，很多女人就是在这"看上去"的画面中，把素颜作为自己追求的美丽目标。殊不知，那些您"看上去"素颜的美丽面孔都是专业演艺人士啊，那些能承担起这类广告拍摄的模特岂止是百里挑一。换句话说，即使经过千挑万选的天生丽质，也同样禁不起不加任何修饰就出现在镜头前的，我们看到的素颜效果其实都是精心描画后的结果，只是技法高明得让人看不出痕迹，如果褪去铅华，真正地去和纯粹素颜比较，差异还是很大的。看到这里，我想大家都心中有数了吧，纯粹的素颜真的很挑人，从细腻零毛孔的皮肤到立体有致的骨骼结构，从天生的明眸到红润的嘴唇，这世上，能够符合这些标准的人儿真的是少之又少。明星们都不敢让自己的素颜出现在大众的视线里，更何况我们这些普通的凡人呢？

我们看到的真正素颜就是脸上没有任何的修饰，色斑暗沉颜色的皮肤，没有上翘浓密的睫毛，长成荒草般杂乱的眉毛，这，就是现实生活中的素颜。

古代有一妇人，因美丽动人而远近闻名，人称庞三娘。一日，有陌生人慕名来访，见一老妇人在门口，便问："庞三娘是住这里吗？"心里琢磨大美人怎么找了如此丑妇做家仆。老妇回答庞三娘出门了，明日再来吧。翌日，再访，终于见到明艳动人婀娜多姿的庞三娘。其实，昨日的丑婆就是没有化妆的庞三娘。可见古人口中的易容术在当时的年代中，就已经很出神入化了，古人对待容颜的修饰都可以如此精湛，那我们现在各方面的条件都要好很多，就更要好好地对待自己了。

如果我们没有生得天生丽质，那就学学简单的方法，让我们看上去亦如素颜般美丽。加，我们可以性感魅惑；减，我们则可清纯靓丽，以何种造型出现，我们可以自己说了算。

○○○

二、熟龄之美

人到中年才会真正体味到以前不曾尝试过的甘苦，越是在这个年龄的女人，越是不能放纵了自己，既不可活得矫情造作，也不能过得糊里糊涂。很多女人在这个年龄就把自己给丢了，丢在了接送孩子的路上，丢在了照顾父母的病床前，丢在了先生事业打拼的背影里……不会为自己的嘴唇涂上温暖的颜色，不再关注自己的身材而由它肆意生长，不再对着镜子看曾经美丽的脸，不再对所爱的人说：“我爱你……”

　　其实，越是这个年龄的女人才越能绽放芬芳。我身边不乏把自己的人生经营得很精彩的女人，有自己喜欢的工作，虽然收入不高，但是有自己的存在价值，每天出门前，会对着镜子涂上淡淡的口红，把头发梳整齐，穿着得体舒适的衣服。

　　这个年龄的女人更像是一杯咖啡，从磨豆器中盛出的香醇，然后在热气中弥散香郁之气。轻啜，是品味，或是拿铁，或是卡布奇诺，只要不是速溶。

　　尝试让自己的生活多姿多彩些吧，休息时给自己敷个面膜，为嘴唇涂些淡淡的颜色，房间里摆放一把鲜花，看一本喜欢的书，每天锻炼身体，管理好自己的体型，选一款最喜欢的香水，精致自己美好的心，然后，对着所爱的人说声"我爱你……"当这些成为习惯后，你会惊奇地发现，你已经变得越来越美了，这种美是由内而外散发出来的，没有矫揉造作，都是自然流露。

　　我一直说，爱自己的女人一定会得到更多的爱，这是一个良性的循环。如果你不小心把自己丢了，一定要想一想，是不是可以找回来。因为人生不用竞走，不能为了用最快的速度到达终点，而忽略了一路的风景与喝彩。我们，便是这一路上最美的风景。

三、第一眼爱上你

　　微整盛行，网红当道。忽然发现来来往往的女人们都变得似曾相识了。一个个面容相似的女人有如家族血亲版，看上去都是差不多的眉眼，让人恍惚的分不清甲乙丙丁，就像是一个个看上去差不多的二维码，需要扫一扫才能区分出谁是谁。我们穿衣服最怕撞衫，当你精心搭配出来自认为很满意的一身服装时，发现竟然有和你穿得一模一样的人，虽然形象和身材可能有区别，但是绝对会影响你的心情。比起撞衫，撞脸更是可怕。我们每个人存在在这个世界上，都是相对独立的个体，都是全世界唯一的。与其做别人似是而非的影子，不如做一个彰显个性的自己。经常会有人问我："郭老师，我是哪一种风格呀？我该穿什么衣服呢？我该选什么样的颜色呢？"说句心里话，我很不愿意把人归类，按照 ABCD 分成不同的类型。我们每个人都是鲜活的生命个体，在不同的空间展示着自己与众不同的魅力。

在最美的熟龄

遇见最美的自己

　　总说，第一眼记住你，第二眼爱上你。真的会有第一眼爱上你的事情发生，这和体内激素没有关系，而是你得体的形象会让别人眼前一亮，然后大家就会用目光追随着你，看着你的一举一动，从而心生欢喜。女人的一生就应该是五彩斑斓、精彩而富有变化的，绝非像贴标签儿一样分类归档，然后就如存档般始终保持一种形象，那么多的颜色，那么多丰富的造型，都不曾与你交集，可惜可惜。

我爱美食，心心念着各种美妙滋味，无论是巷间食肆，还是堂中美味，都是味蕾上的享受。人生其实就是一场美食盛宴，酸甜苦辣种种滋味都要品尝过，这样的人生才算圆满。造型也是一种人生，既可以端庄优雅，亦可以轻松活泼，既可清纯靓丽，亦能性感魅惑，哪一种不是人生中的精彩体验呢！今天可以素颜淡妆，明天便是冷艳红唇。工作时可以干练从容，面对爱人则性感温柔，只是环境和面对的人不同而已。

○○○
四、好皮肤是美丽的前提

经常听到朋友们说"每天忙得连洗脸的时间都没有,早上起来就是做早餐,整理衣服,送孩子上学,然后赶到单位去上班……""睡觉的时间都不够,哪里还顾得上保养皮肤,至于化妆,就更别提了……"

保养,是件很有意思的事情,在这件事上,付出和收获是完全成正比的。我自己就是个活生生的反面教材。在我刚生宝宝的那段时间，工作量很大，每个星期基本都会出差或是录棚，大量的工作和生完宝宝后体内激素的失调，让我的脸上冒出了很多痘痘，对于这些不速之客，我起初并没有放在心上，该忙还是忙，想着就是青春期我也是一个痘都不长的零毛孔好皮肤，现在不过是几个痘而已，不用放在心上，很快就会消失的。于是，我继续对它们不闻不问，疏于打理，渐渐地觉得洗脸都成了麻烦事。自然而然，我的生活也随着我的态度产生了变化，化妆台上的护肤品越来越少，而脸上的痘痘却是有增无减，直到有一天，看到我的人都是一脸的惊异："秋彤，你这是怎么了？"当我从别人的目光中看到同情、不解，甚至是害怕时，我才意识到，我的皮肤麻烦大了。在我走上了这条漫长的挽救皮肤的道路后，后悔二字真是天天挂在嘴边。看医生、抹药、忌口，换了好几个牌子的护肤品，过敏，再抹药，再吃药……心情糟糕到谷底。儿子幼儿园做手工作品：恐龙一家，竟然里面的恐龙妈妈都是一脸的痘痘，看到他的作品，我当时真是哭笑不得。痛定思痛，经过几年的持久战，皮肤才渐渐地好转，细算这笔账，着实不划算。我只是偷了一两年的懒，却用了五六年的时间来挽回，这其中消耗的精力、财力真是一言难尽，远远超过了认真护理它的成本。我知道，这是我的皮肤在报复我没有爱它，所以，让我用近六年的时光来安抚它。

　　总听人说，看一个女人的脸就知道她拥有多少的爱。此话不假。被爱包围的女人脸上是有一层光晕的。想要得到更多的爱，首先要学会爱自己。

1. 好好洗脸

　　这几个字写完，我也不禁一笑，有谁不会洗脸呢？但是，从字面上极易理解的几个字，真正做到做好的却是寥寥无几。现在，大部分人洗脸时用洗面奶，这比以前用香皂揉两下进步多了，但是，为什么还是觉得没有洗干净呢？只用洗面奶并不能把脸完全地洗干净，我们在生活中会接触到彩妆，空气中污染的细微颗粒，自身皮脂腺分泌的油脂，仅仅依靠洗面奶是远远不够的，这些残留在毛孔表面上的堆积物如果没有及时清理干净，就会堵塞毛孔，引起皮肤的各种炎症，影响美观效果，最好的方法就是要用卸妆液先清洁整个面部后再用洗面奶。即使您没有化妆，在睡觉前，也一定要把卸妆液滴几滴在棉片上，擦拭面部的皮肤，都擦拭过之后，再用洗面奶洗脸。至于洗脸时的水温，过凉不利于污垢的清除，过热会刺激皮肤，容易引发皮肤的松弛，所以，偏温的水温比较合适。

2. 好好喝水

　　皮肤和人一样，需要喝水维持自身的健康，它喝的水就是我们常说的化妆水。化妆水是爽肤水、柔肤水的统称，柔肤水多是保湿滋润，爽肤水则是收敛控油。很多人在用化妆水的时候，都是把水倒在手心中，然后拍到脸上。在这里，教给大家正确的方法，既不会浪费，化妆水的功效还会都释放出来。

　　把化妆水倒在棉片上，用蘸满化妆水的棉片擦拭皮肤，好处有两点，一是可以节约化妆水，二是棉片在擦拭的过程中还可以对皮肤进行再次清洁。化妆水的选择很重要，不是说滋润是必备的，如果皮肤冒油很厉害，可以适当地使用收敛控油的化妆水，水油不平衡的皮肤就会爆痘，水分充足了，油脂的分泌就会减少。所以说，我们的皮肤一定要好好喝水，皮肤喝饱、喝好，就会呈现饱满水润的状态。建议每次清洁面部后，涂两遍化妆水。相信我，从今天开始，试一试，很快就能看到皮肤的改变，千万不要偷懒，因为美丽没有捷径。

3. 好好吃饭

　　人讲究一日三餐，营养搭配，吃出健康、吃出品味。皮肤也是如此，要有足够的养分支撑它，各种的精华林林总总到底用哪个呢？在皮肤糟糕的那段日子里，有病乱投医的心理驱使我买了很多品牌的护肤品，总幻想着其中的一款能够有神奇的效果，挽救濒临绝境的心情，可结果是非但皮肤没有好转，反而越来越糟糕。后来发现，不是产品不好，而是我的选择有问题，没有做到对症下药。其实，精华里的营养是必须在毛孔通透的前提下才会渗透到皮肤内的，首先要把陈旧的垃圾清除干净，营养成分才会有效地吸收。对于熟龄女性而言，还是要选择有科技含量的产品，紧致、滋养，都是适合这个年龄段使用的。

第二章 整『妆』待发

○○○
一、心手相畅来化妆

　　化妆，是一件心手相畅的事，无论是心情还是审美享受，都可以让人身心愉悦。这种愉悦感，不仅仅是化妆者本人，对于身边的人，也是可以感受到的。

　　只要是美的，人人都会喜欢。但是每个人的生长环境不同，所接受的审美教育也是不一样的，自然会有审美差异。想要呈现自己与众不同的美，前提是要对于美有一定的认知能力，并且训练自己，捕捉到生活中无处不在的美。

美的修炼不是一日之功，需要有长时间的累积沉淀，从感受到汲取，从沉淀到释放，逐渐建立自己的审美观。人自有意识起就会追求美，并在自己的生活中增添各种美。在这个美妙的过程中，有的是天生有创造美的欲望，有的则是在成长过程中极度渴望成就自身的美，就像生活中，我们穿衣服，布置房间，购买生活用品，无论是创造还是拥有，都是我们本身所固有的属性。但是，我发现有一部分人不愿意做这样的沉淀和积累，认为简单地拿来

复制就可以拥有美。于是，一张时尚海报，一个影视剧中的人物，一位此时盛行的网红，都可以成为她"拿来"的范本，所以我们经常会被迎面而来的奇葩造型雷倒，不是造型有问题，而是这个造型真的不适合你。

在这里，我们必须要先明确一个概念，你，拥有的是与众不同的独特优势，这种与众不同注定要用与他人不一样的方式才能呈现出属于你的美，只有经历了沉淀和酝酿，这种美才是有味道的，才会有清晰的识别度，才会让人过目不忘。

美是仁者见仁，智者见智的，我眼中的美不一定是您眼中的美，您眼中的美可能也不是她眼中的美。其实，这个关于美的标准不必强求，只要符合基本的审美要素就可以。

1. 简洁

简洁是很多艺术家一生追求的创作理念，化繁为简是一种功力，很多添加的美是容易做到的，堆砌、繁复、叠加，这样的美是存在的必然；但是，减法塑造的美就是考验操作者水平的了。减多少？在哪里减？才能做到简洁而不简单，取舍是关键。

2. 比例

    在美学欣赏的角度，最美的比例标准是黄金分割，近似值是0.618，简单地说在美学上，欣赏美的原则不是平均分，而是在整体的基础上一部分占0.618，其余则是另外一部分所占的比重。穿衣服，布置房间，都是可以借鉴这个标准的。

3. 色彩

色彩是美丽元素中的大事情。我一直深信，色彩是可以帮助我们表达情感、抒发胸臆的。生活中颜色的选择通常可以感受到人不同的个性，比如爱穿艳色衣服的人一般都是性格外向，喜欢黯淡颜色的往往低调谨慎，家居摆放也是如此。既然色彩如此生动，那就充分利用它们，让它们为我们服务，而不要去做色彩的奴隶。这世上没有不美的颜色，只有不正确的搭配。最安全的搭配方法就是减少颜色的使用数量，在主色调的基础上，适当地用其他颜色搭配。

二、不同脸型的修饰方法

　　自古以来，椭圆的脸型、比例匀称的五官一直被公认为是最理想的"美人"的标准。椭圆脸型的长度和宽度是五官的比例结构所决定的，五官的比例一般以"三庭五眼"为标准。

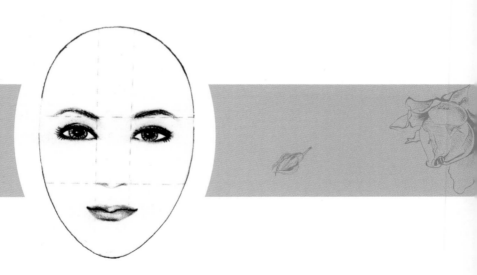

所谓"三庭"是指脸的长度，即由前发际线到下颏分为三等分，故称"三庭"。"上庭"是指前发际线至鼻根；"中庭"是从鼻根到鼻尖；"下庭"是从鼻尖到下颏，它们各占脸部长度的1/3。所谓"五眼"是指脸的宽度，以眼睛长度为标准，把面部的宽分为五个等分。两眼的内眼角之间的距离应是一只眼睛的长度，两眼的外眼角延伸到耳孔的距离又是一只眼睛的长度。事实证明，"三庭五眼"的比例完全适合我国人体面部五官外形的比例。

　　在生活中，我们会遇到各种不同的脸型，有的圆、有的长、有的方、有的尖，不论何种脸型，我们都可以把它向椭圆脸型靠拢，这样，修饰出来的脸型就都是接近标准脸型了，最简单的做法就是将大于椭圆脸型外的范围削减。削减的办法是在妆面上加阴影或使用发型遮盖；如果是不足椭圆脸型的部位，则增加，增加的办法是在妆面上用亮色补充，或是可以让发型蓬松显得脸型饱满些。

1.圆脸型

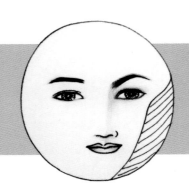

⬛ 特征：

　　面型圆润丰满，额角及下颏偏圆。圆脸型给人的感觉是年轻而有朝气，但容易显得稚气，缺乏成熟的魅力。

⬛ 化妆技巧：

　　① 涂粉底。首先把自然色的粉底涂在面部中央区域，两腮和颧骨外沿耳前发际线这部分可以自然过渡，不要刻意强调，这样出来的效果是比较圆润饱满的部位会自然后退，脸型也会随之显小。还有一种方法用深色粉底，如果技术掌握比较熟练，也可以尝试。这里所指的较深的粉底是比肤色略深一度就可以，太深了看上去就会显得脏脏的，涂在刚才提到忽略的部位。比较浅的粉底涂在额头中部并一直延伸至鼻梁上，额头和鼻梁要稍微浅些，做出骨骼的立体效果，脸型立体了就会显瘦。

② 画眉。眉毛要画得略有弧度，眉头压低，眉梢挑起，这样的眉型使脸型显长。

③ 涂眼影。让圆脸型接近椭圆脸型从而显瘦最好的办法就是扩大眼睛的轮廓，眼睛大了，人就会显瘦。靠近内眼角的眼影色应重点强调，顺着眼睛的轮廓涂些棕色系的眼影，贴住睫毛根部的颜色最深，逐渐向上变浅，到眼眶的部位就自然消失，和肤色衔接。注意不要向外眼角延伸，否则会增加脸的宽度，使脸显得更圆。

④ 鼻的修饰。鼻梁稍加提亮就可以，这样鼻子看上去要比原来挺阔，可以减弱圆脸型的宽度感。

⑤ 腮红。腮红向颧骨斜上方涂抹，颜色一定要自然。

2. 方脸型

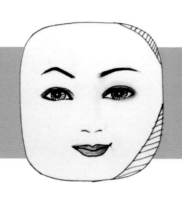

🔺 特征:

方脸型的人有宽阔的前额和方型的颚骨,脸的长度和宽度相近。给人的印象是稳重、坚强,但是缺少女性温柔的气质。

🔺 化妆技巧:

修饰方脸型的化妆方法就是想办法去掉四个角。两个额角我们可以用发型遮盖,千万不要把整个额头都露出来,那样会把缺点完全暴露,试试把额角盖住,人顿时就会温柔很多。

① 涂粉底。把略深的粉底色涂于两腮,还是要注意不能涂成络腮胡的感觉,淡淡的一点深色就可以让下颌后退,如果深色重了,反而是欲盖弥彰。

② 眼睛。眼影的颜色我建议使用偏暖的色系,因为方脸型的人

看上去坚强有余而温柔不足，不管在工作领域中多么有能力，毕竟我们还是女人，所以，要强调女性特征，用温柔的浅暖色作为化妆的颜色，就可以让我们的温柔指数提升。

③ 眉毛：方脸型的眉毛要画得没有棱角，起伏很柔和，不要有明显的眉峰。这种脸型要控制所有的直线条，每个局部都要尽量用弧线表现，再配合暖色的色彩，整体感就会很协调。

④ 腮红：用浅浅的暖色在颧骨处划圈晕染，腮红的位置略靠上即可。

⑤ 嘴唇：嘴唇的颜色要和腮红、眼影保持一致，颜色不要重，越轻浅的暖色人会显得越温柔，年龄感也会随之下降。

3. 长脸型

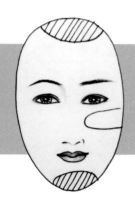

🔺 特征：

　　长脸型的人中庭较长，纵向感突出，给人老成、庄重的感觉，看上去会比实际年龄显大，面部缺乏柔和感。如果我们是属于长脸型，那么，椭圆脸型之外的就是前额和下颌了，这两个部位是需要削减的。额头可以用发帘遮盖，减少上半部分的长度，下颌就可以用阴影色减弱，产生视觉错觉。而不足椭圆脸型的部位就是两颊了，可以用补充亮色的方法让两颊看上去饱满，最后，整体效果就可以接近椭圆脸形。

🔺 化妆技巧：

　　① 涂粉底。在前额发际线处和下颌部涂少量深色粉底，削弱脸型的长度感。

　　② 眼睛。眼睛可以向外眼角延伸，拉长眼形，这样可以辅助脸

型向两侧延展。

③ 眉毛。眉毛在画的时候一是注意颜色不要重，颜色深的眉毛会把人的观察视线上移，影响我们削弱脸型长度的初衷；二是眉型要画得平直些，可以配合眼睛拉宽脸型。

④ 鼻子。鼻子尽量不做任何修饰，因为长脸型的人鼻子本身就长。稍不注意就适得其反了。

⑤ 腮红。在颧骨的位置横向晕染，拉宽脸型。

⑥ 嘴唇。柔和的颜色是所有妆面的首选，尤其是日常光线下，越柔和给别人的视觉效果就越舒服。

4. 正三角脸型

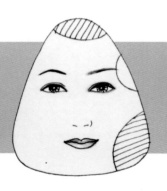

🔺 特征：

　　上窄下宽，看上去像我们常见的水果——梨，因此又称"梨型脸"，这种脸型给人以安定感，显得敦厚老实，但是不够生动，缺乏美感。我们一起来找修饰的办法，椭圆型外就是两腮了，那这个部位就是要削减的，可以用深色粉底淡化它，而不足椭圆型的就是两个额角及太阳穴部位，那我们就依靠发型来补充。

🔺 化妆技巧：

　　① 涂粉底。用深色的粉底涂两腮，要注意颜色的深浅过渡一定要柔和，不能有明显的分界线；自然色的粉底涂在额中部、鼻梁上半部及外眼角上下部位。日常光线下，可以少用亮色，但是太阳穴的部位一定要提亮，因为亮色是扩张色，可以让不饱满的地方显得饱满起来。

　　② 眼睛。眼妆一定要尽量地放大眼形，眼睛漂亮起来人就会随

之生动。眼线、眼影和睫毛都是可以让眼睛增加魅力的，在这上花点时间还是值得的。只要注意"度"的问题，不要过分夸张即可。

③ 眉毛。正三角脸型适合平直些的眉型，眉应长些，可以向太阳穴方向延展，有拉宽脸型的视觉效果。

④ 腮红。腮红要涂在颧骨外侧，而且纵向晕染，让脸型看上去紧致。

⑤ 嘴唇。这种脸型的人嘴唇多偏厚，所以切忌大红唇，那样只会让你看上去两腮更饱满，因为大红色的嘴唇一定会把人的视线吸引过来，我们前半程的努力也会功亏一溃。弱化嘴，是聪明的化妆方法，可以成功地把别人的关注力引向漂亮的眼睛，从而忽略过于突出的两腮。

整『妆』待发

5. 倒三角脸型

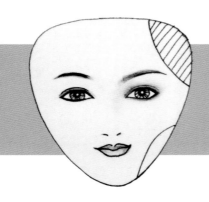

▲ 特征:

  琼瑶阿姨选中的女主角多是这样的脸型，看上去娇柔可爱，我见犹怜。这种脸型美就美在尖尖的下颏，注意，不同于现在人工美女们的锥子脸，自然生长的弧度还是有别后天加工的。用专业点的话说倒三角型就是人们常说的"瓜子脸"或"心形脸"，上宽下窄。在椭圆型范围外的是宽阔的额角，可以用发型掩饰。而不足椭圆脸型的是偏瘦弱的两颊，这点就因人而异了，喜欢丰满圆润，则可以在两颊部位适当提亮；喜欢瘦，则可以忽略不计。

▲ 化妆技巧:

  ① 涂粉底。整个面部均匀地涂自然色粉底即可。这种脸型属于很上镜的脸型，只要肤色统一，肤质轻透干净就美感十足了。

②　眼睛。眼妆是任何脸型都要体现的重点，越是迷人的眼睛越可以为形象指数加分。有三点掌握好，眼睛一定会漂亮。眼线贴住睫毛根部清晰整齐；眼影最深的颜色要在睫毛根部，晕染范围不超过眼球；睫毛夹卷上翘后涂睫毛膏。这三点做到，不论什么眼形，都会看上去明亮有神。

③　眉毛。眉形可以根据自己的喜好，颜色柔和就可以。

④　腮红。腮红涂在苹果肌的位置，人看上去会显得甜甜的，很可爱，脸型也会随之圆润起来。

⑤　嘴唇。嘴唇的颜色要随妆面调整，和整体妆色协调即可。

6. 菱形脸型

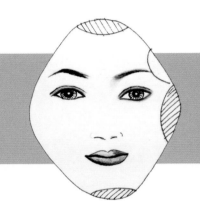

⚘ 特征：

　　菱形脸色特点是上额角过窄，颧骨突出，两颊消瘦，下颏过尖。
看上去给人的感觉是机敏、精明，但容易显得厉害、冷淡、不易接近。
椭圆形外的范围是突出的颧骨，那腮红和深色粉底的位置就是颧骨
部位了，而不足椭圆脸型的是两个额角和消瘦的两颊，那我们就可
以在太阳穴的部位提亮，让发型在这个位置蓬松饱满，太阳穴部位
就会看上去圆润许多，两颊也可以适当提亮，这样脸型就接近椭圆
脸型了。

⚘ 化妆技巧：

　　① 涂粉底。在颧骨的位置涂些深色的粉底，让颧骨不那么明显，
人就会显得柔和。其他的部位就用自然色的粉底均匀涂抹即可。

②眼睛。菱形脸的眼妆不宜过于明显，因为会增强人的威严感。浅浅的暖色作为眼影是首选，会让眼神显得温柔亲切，减少距离感。

③眉毛。弧度自然柔和的眉毛能够增加亲和力，一定要注意眉毛的颜色要浅淡，这样整个妆容才会完整统一。眉毛的颜色越深人就会显得越厉害，那就与我们的初衷背道而驰了。

④腮红。腮红的位置比颧骨部位的影色略高，并与影色部分重合，既可以提升脸型，还能够削弱明显的颧骨。

⑤嘴唇。远离过于艳丽的颜色，记得随时保持微笑。最美丽的表情就是我们的笑容。尤其是菱形脸的朋友，笑容可以让我们看上去亲切，柔和，拉近与他人的距离。

○○○

三、有个精致的化妆包

　　每个女人都要有一个自己专属的精致的小化妆包。这个小包里放的是常用的几款化妆品，它们可能不是名牌，可能只有一支唇膏，也可能是一个带镜子的小粉饼盒，不论怎样，它们都是你用起来最方便的。也许是最喜欢的颜色，也许是最中意的香气，都是能够让你在分秒间就容光焕发的宝贝。上班的路上，午休的间隙，这个小小的化妆包会带给你信心和期待，持续呵护着爱美的心。

　　巧妇也难为无米之炊，美丽这个事更是如此。面部妆容的每一笔的细腻刻画，都是要使用相对应的工具和材料才能完成的。无论是初级的入门装备，还是高手级的专业打造，化妆包里的这些宝贝足以让我们美丽的梦想实现。

　　我周围有很多好朋友不怎么化妆，为此我一直心存内疚，总觉得是自己失职，让她们可以在美丽盛放的年纪放弃了本属于她们的美。但是，我发现了一个有意思的现象，虽然她们都不化妆，但是并不缺少化妆品。随便整理下也是瓶瓶罐罐

一大堆，原来，她们都有一个共同的问题——盲目购买。翻看时尚杂志就被插页上的广告吸引，里面的模特们拗着各种难拿的造型，或醉眼朦胧，或烈焰红唇，精美大范儿的一张张图片配上极具诱惑力的文字，足以让女人们奔向商场。再加上导购们的引导劝说，买下不少价值不菲的化妆品。回来后发现自己和图片中看到的效果距离太远，信心受挫后便把这些化妆品当了摆设。还有一些就是网络上的淘宝达人，看完买家秀就有剁手的冲动，广告是广告，自己还是自己。造成这样的结果原因有两个：一是购买方向不正确，买到的化妆品往往是不适合自己的颜色和质地，比如，肤色较暗却买了很白的粉底，结果涂在脸上像墙皮的颜色，使用后不但没有得到赞美，反而是打击声一片，于是，自尊心受挫，白白浪费了口袋里的银两。二是化妆技术不过关，好的化妆品没有好的使用方法，枉费了好产品可以产生的绝佳效果。所以总结下就是：要选好，买对，用到家。

接着往下看，就知道怎么买、如何用是对的。

○○○

四、化妆必备的利器

　　因为工作的关系，各种品牌的化妆品用过的不算少了，每个品牌都有它各自的特点，有的是粉底好用，有的是睫毛膏精彩。我会把我认为好的提炼出来，重新组合成最适合自己的套装，这样用起来也是得心应手。在这里提醒大家，彩妆用品和护肤品一样，质量和价格通常是成正比的。

粉底液

　　生活化妆，用粉底液是最好的选择。因为，液体状态的粉底质地轻薄，涂到皮肤上没有明显的痕迹，能够让皮肤呈现自然光泽的质感。在选择粉底的时候，要选颜色比自己肤色略深一度的，看到这里，您肯定有疑惑了，全都在美白，为什么还要加深颜色呢？市面上很多的粉底色都偏白，那种颜色涂在棕黄色系的我们的脸上，不但不会使皮肤显白，相反会让我们的脸看上去呈青灰色。这是因为我们的肤色与粉底的肤色存在的色差比较大，最简单的办法就是找与自己肤色最接近的颜色，宁可深一度也不要浅一度。这样涂完粉底后，皮肤就会看上去自然、健康、细腻、柔和。

粉饼

　　打开粉饼盒，里面的小镜子可以随时提醒我们，形象哪里出了问题。粉饼的作用除了方便我们随时修妆补妆，还可以为日常的浅淡妆面定妆。选颜色和选粉底液颜色一样，越接近皮肤颜色越自然。

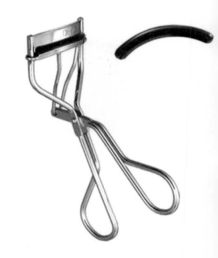

 睫毛夹

睫毛的修饰在眼妆中很重要。很多人在日常生活中宁愿在眼睛上画很多的眼影，把自己的眼睛做成调色板，然后再在上面画上黑黑粗粗的眼线，也不愿意在睫毛上下功夫。如此顾此失彼是化妆的重点没有把握住。其实，卷曲上翘的眼睫毛是可以让你在不同的角度都拥有美感的。人是立体的，别人看到的你也是从各个角度所展示的，上翘卷曲的眼睫毛完全可以让你的美多了一些生动。

想让睫毛变得美丽，一定要选一支弧度适当的睫毛夹和一款品质优良的睫毛膏。建议还是使用有品牌影响力的睫毛工具和材料，因为眼睛和眼周的皮肤多是非常敏感的，在这个区域使用的材料和工具都要各方面的标准符合要求，从质地到使用，从卫生标准到操作方便的程度，都要符合要求。

睫毛夹的弧形夹口处有橡皮垫，把睫毛夹在夹口处咬合后，会在力的作用下，让睫毛变得弯曲上翘。夹睫毛的时候要用睫毛夹夹住睫毛，从根部慢慢向上移动。注意用力的时候，不要向外牵拉，那样会不留神把睫毛拔掉，还要注意在夹睫毛的时候不要夹住睫毛根部的皮肤。

睫毛膏

在我看来。女人最迷人的时候，就是下颌微收，眼帘低垂。那一层剪影般的睫毛在眼神顾盼流转中，就像在河里泛入的轻轻涟漪，甚是动人。光影从睫毛间透射下来，在眼帘上投下羽毛般的剪影是最迷人的。从化妆的角度来讲，当眼睛正视前方时，光线从正前方照射下来，会穿过睫毛在上眼睑形成一片自然的阴影。这一片阴影，恰恰和眼影的作用是一样的，它可以让我们的眼睛轮廓放大。用睫毛夹把睫毛变得弯曲上翘之后，再用睫毛膏把睫毛刷得浓密卷曲，会惊喜地发现我们的眼睛变大也变圆了，而且眼神会显得清亮。这是因为睫毛浓密以后会增加黑白眼球的对比，而且上翘的睫毛会使上眼睑充分打开，扩大眼睛的轮廓。

睫毛膏的使用关键词：横拉推卷。横拉是指把睫毛膏左右方向地平涂在睫毛上，然后向上边推边向上轻卷，把这两个动作连贯起来，睫毛就会很漂亮地成洋娃娃的状态，眼神也会随之变得很迷人。

需要提醒大家的是，下睫毛也要涂一些睫毛膏。下睫毛睫毛膏的使用量要比上睫毛少一些，这样，眼睛在整体上看就比较柔和。

眼影

眼影的作用是为了扩大眼睛的轮廓，利用不同的色彩在眼睛的周围形成不同形状的阴影。经常在化妆品专柜看到五颜六色的眼影盘不知如何下手，里面的颜色都怎么用呢？很多人都会面临这个问题。不同的品牌在不同的季节也会推出各自主打的单品，作为一个在化妆圈工作了二十多年的老化妆师，我总结了一个规律，就是不论何时，都不要盲从潮流，适合自己才是最好的，以不变应万变，找到最安全最方便的化妆材料，肯定是事半功倍的。

在日常化妆中，大地色是必不可少的打底色，也就是我们经常

提到的棕色系，我们属于亚洲人种，肤色就是棕黄色系的，那么，在这样的肤色上，使用同类色的眼影，是非常柔和自然的，没有明显的色彩痕迹。使用深浅不同的大地色可以让眼睛传神明亮，还不容易看出化妆了。另外，眼影中还要用有适合宴会妆容的颜色，比如深邃的蓝色和魅惑的紫色。现代的都市女性会有越来越多的社交场合，需要有不同的形象出现，这两种颜色就可以作为社交晚宴、红毯造型的眼影使用。另外，要提醒大家，流行元素中的闪亮眼影在日妆中尽量不要用，眼皮上的亮晶晶会扰乱工作中的情绪，人也会显得很滑稽，不管这块眼影的价值有多高，用在不合时宜的地方，也会一文不值。

眼线笔

　　眼线笔是强调眼形用的化妆品，一般分为眼线铅笔和眼线液笔。

　　眼线铅笔适合平时自然生活中使用，用它来画眼线没有生硬的感觉，看起来比较舒服柔和。眼线液笔是在比较夸张的场合中使用，它的颜色比较黑，操作起来的难度要比眼线铅笔大很多，所以建议初学化妆还是用眼线铅笔，并且在日常光线的环境中尽量不要用眼线液笔。

眉笔

　　画眉毛的材料可以分为两种，一种是眉笔，这里的眉笔一定要选硬铅的，削成薄薄的鸭嘴型。用它在眉毛上可以画出一根一根的质感。但是眉笔画眉毛需要操作者有一定的技巧，适合经常化妆的人用。如果化妆的技术不是很熟练，就很容易把眉毛画的一块儿一块儿的，看上去不自然。如果是刚刚开始化妆的新手，我建议选另外一种材料，就是眼影粉里面最深的棕色。小号的化妆刷蘸上深棕色的眼影粉轻轻地扫在修好的眉毛上，既可以避免生手画眉毛用笔力度控制不好的难题，还可以让眉毛自然漂亮，在不经意间就生动起来。最重要的是这种画法速度会非常快，只需要轻轻地扫几下就可以眉清目秀地出门了。眉毛的长度和高度很重要，它是有一定的比例关系的，眉毛在我们面部的表情肌上，脸上表情的变化都会使眉毛的形状和位置发生变化。我们来看看自然生动的标准眉型，无论你的五官长成什么样子，只要配上这样的标准眉型都可以让人看上去美丽动人。

腮红

　　在生活中，我是一个基本不用腮红的人。虽然在讲课中反复会提到腮红的重要性，腮红颜色的选择以及位置的确定，但是，无论我睡得多不好，或者是脸色多难看，我的小化妆包里真的是没有一款和腮红有关的化妆品。原因是我总觉得在皮肤上涂上和肤色有色差比较大的颜色之后，心中会有一丝的不安，觉得妆色一下就变得浓重了。我想大多数人和我的心理是一样的，在日常的光线下，还是希望自己的整体妆容都要清淡无痕，越自然越好，越不容易被别人看出来越好。

　　虽然这块颜色可以让我在别人的眼睛里显得红润健康，甚至可爱，我还是不能拿起腮红刷给自己的腮红上色，我总希望大家看到的是真实自然的我。其实这种想法在现在看来确实是有一些多虑。如果我们用自然的颜色和正确的方法稍微让自己的脸色多一些红润，也是未尝不可。尤其是当我们身体疲倦、肤色不好的时候，腮红可以让我们在分秒中焕然一新。

腮红的位置一般是在颧骨附近，涂抹的方法是由外向内由上向下的画圈。前几年流行的苹果肌现在慢慢地淡出了人们的视线。最时尚的腮红涂法，是从眼角到耳朵上边缘的延长线开始，向颧骨这个部位轻轻地过渡晕染。这样涂腮红的方法是可以让脸型提升。人看上去会显得更年轻更有活力。如果上妆的时间比较仓促，不得已要省略几个环节的时候，腮红还是可以考虑减少的。但是如果是要出席比较隆重、特殊的场合，腮红是绝对不可以省略的。

唇膏

　　每次去商场我都很爱看化妆品柜台当中的唇膏展台。那么多的颜色，就像画画儿的调色板一样。红粉橙紫，琳琅满目。每支口红都像一个点仙棒，轻轻一点就能幻化出一个个风情万种的女人。但是如此众多的颜色，我们不可能全都拥有，几支还是可以的。从里面挑出两三支必备的口红放在我们精致的小化妆包里，不论什么样的环境，配合什么颜色的服装，都能用得上。

　　在唇膏里面，我一直推崇紫色调。这里所指的紫色不是发青发蓝的那种，是偏紫红感觉的。很正的大红色其实是非常挑人的，如果肤色不够白皙，五官不够立体生动，尽量不要选用这种大红色，因为它会让大部分的人脸色显黑。我们亚洲人种肤色偏棕黄，在色彩关系中紫色和黄色互为补色。用最简单的语言来解释就是、凡是紫色的出现，都会让同时出现的黄色显得明亮。所以化妆包里，每个人一定要准备一只偏紫色的唇膏。它既可以让我们黄色人种的皮肤颜色显得明亮，还可以让我们的牙齿看上去更加的洁白。这个是在利用色彩的视觉错觉。另外还有一个小窍门儿一定要告诉各位，一支唇膏，既可以上班淡妆使用，也可以在隆重的宴会使用。真的有这样的好事吗？同一支颜色的唇膏，在上班时轻轻地涂在嘴唇上，用手指或是棉棒揉开，唇膏本身颜色的饱和度就会随之下降，颜色会比较轻浅柔和，嘴唇上既有了色彩还不会显得过于夸张。如果下班后要去参加一些社交活动，还是同样这一支唇膏，用唇刷把嘴唇的颜色涂饱满，一般两到三遍就可以。这样一支唇膏就可以打造出多种不同风格的造型，亦可浓艳亦可柔和，既节约了经济成本又便于携带。当然像我这样的懒人，其实不多，很多女人对自己还是很

精细的，唇膏的颜色，除了紫色还有豆沙色、粉色等等。如果皮肤的颜色不是很暗淡，那这些颜色都可以选择。对了，还有一个方法，大家可以尝试，就是选择一款有颜色的润唇膏，滋润嘴唇和嘴唇上色一步到位，节约时间，而且没有技术难度。

在不同的年龄段，女人的美是不尽相同的。二十岁时明媚灿

烂，即使不施脂粉，天然去雕饰的年龄仰仗年轻有活力的胶原蛋白，满满的都是朝气。三十岁时，从年轻迈进成熟，举手投足之中，尽量温暖与柔软。四十岁的女人，便没有一日不想念二十岁的青春和三十岁的柔软。即便在这时可以自如地游走于性感和温婉之间，也希望心底的纯真能够停留得尽量长久。有一天，当女人进入了五十岁，富有于心，成熟于智，在优雅中盛放是对她最好的诠释。

五、一步一步化好妆

STEP 1. 洁面

清洁皮肤，为化妆做准备。

STEP 2. 护肤

拍化妆水，涂精华液、乳液或日霜，保养皮肤。

STEP 3. 隔离

使用隔离霜或防晒霜隔离彩妆，保护皮肤。

STEP 4. 涂粉底

涂粉底时尽量用粉底刷，从额头开始，从上往下，由内向外，均匀涂开，粉底颜色接近自己的肤色是最好的。

STEP 5. 定妆

用粉饼或者蜜粉轻轻地按压在脸上，注意量不要多，而且在粉扑上要先揉一揉，这样效果会更均匀。颜色与粉底液的颜色一致就可以。

STEP 6. 眼影

最安全的眼影颜色就是大地色，用刷子或者棉签蘸少量的眼影粉贴住睫毛根部涂抹，眼影的范围不要超过眼球的最高点，下眼睑也要有少量的眼影和上眼睑呼应。

STEP 7. 眼线

眼线要画得清晰整齐，贴住睫毛根，不要露眼睑的白边，画时睁着一只眼睛另一只眼睛微闭，用眼线笔轻轻描画，刚开始会画不直，别着急，慢慢练习，肯定会越画越快，越画越好。需要提醒的是，下眼线可以忽略不画，免得眼睛被框得很死板。

STEP 8. 睫毛

如果时间来不及，眼妆唯一不可省略的就是睫毛，因为浓密上翘的睫毛会为你增加极高的魅力指数，先用睫毛夹把睫毛夹卷，再刷上睫毛膏，眼睛就会非常的漂亮。

STEP 9. 眉毛

眉毛的颜色要比黑眼球的颜色浅，这样看上去人会显得柔和温婉。画眉毛时不必要强求万全的对称，因为我们的骨骼就是有变化的，在大范围内接近相似就可以，画的时候下笔要轻，用眉粉扫出形状后再用眉笔在里面轻轻地画几下，就会有眉毛的质感，看上去很真实。

STEP 10. 腮红

用腮红刷在腮红里轻扫几下，把刷子上的腮红粉末调均匀后扫在脸颊，面积不要大，和肤色要相融合，不能有明显的色块痕迹。

STEP 11. 嘴唇

　　在正式隆重的场合，嘴唇的颜色要用唇刷涂，这样会很整齐，不会出现边缘模糊的尴尬。如果是日常，就直接涂在嘴唇上然后抿抿嘴唇就可以，会很节约时间。

STEP 12. 定妆

　　再薄薄地上一层粉固定妆面，对着镜子审视妆后效果，调整各个部位颜色的深浅比例关系，好的妆是"长"出来的，所以，越自然，越美丽。

第三章

妆扮起来

一、快速化妆

　　每个女人的心底对美都是有渴望的。朋友或是家人的一句赞美是可以让她们心情愉悦并更向往美丽的。既然都有一颗爱美之心，又对于溢美之词都很受用，那为什么还有那么多的女人和美丽遥不可及呢？答案很简单，就是一个字：懒。这绝非好吃懒做、不劳而获之懒，而是对自己的忽视之懒。其实，只要掌握正确的办法，短短几分钟就可以给自己一张明媚可人的脸，一整天美丽自信与自己相伴。

　　快速化妆就是不需要每个部位都面面俱到的进行修饰，而是提炼出最容易产生效果的部位，用最简捷快速的方法，来打理自己的形象。以每天忙碌的早上为例，通常是时间都给了家人，最后却把自己给忘了。每个妻子或是妈妈，都会有一个忙碌的早晨，我自己也不例外。早上送儿子上学前，我都要看一眼镜子里的自己是否整洁得体，这绝对是遗传了姥姥和妈妈。因为在我的成长记忆里，她们都很注意自己的形象，都非常得体。当我做了妈妈，儿时的耳濡目染和专业习惯，让我也会注意自己的形象，这对孩子建立正确的审美观是有深远影响的。修饰自己除了可以美化容貌，还是对别人的尊重。所以，无论早上的时间多么紧张，甚至可能紧张到无暇顾及自己，那我也会在电梯里面涂一点有颜色的润唇膏，虽然匆匆几下，但是人会在这淡淡的颜色中显得有生动、亮丽。

如果能有三到五分钟的时间，那我们可以尝试进行以下的化妆内容。

1.眼部修饰

多做练习，夹睫毛基本上可以在二十到三十秒之间完成。要注意不能用睫毛夹把睫毛夹成硬硬的直角，正确的夹卷曲睫毛的方法是从根部开始逐渐向上用力，这样弧度柔和。为了保证眼睛的卫生，睫毛夹的胶垫要及时地清洁更换。睫毛膏的作用是增加黑白眼球的对比度，因为早上时间比较紧张，我们没有时间对着镜子勾勒细致精细的眼线，如果觉得眼睛神采不够，就可以通过睫毛膏来扩大眼睛轮廓，让眼睛显得漂亮有神。

2.调整肤色肤质

在这个环节，现在是更轻松省力了，因为有各种品牌的气垫，这是一种可以快速简单调整肤色和肤质的化妆品，不需要复杂的技巧和很长的时间，短短的几十秒就可以让肤色焕然一新。

3.嘴唇

就如前面所说，如果时间实在来不及，那我们就可以在电梯里，或是利用等车的时间在嘴唇上涂些有颜色的润唇膏，既保持了嘴唇的滋润，还让嘴唇有一些颜色，人看上去就显得有精神了。

4.发型

发型是很重要的，要梳整齐。长发要是来不及打理就一定要把它梳起，千万不要随意地披散在肩膀上。长发是可以散开的，但是前提是要经过造型，或卷曲或拉直，如果没有经过造型处理只是随意地披散着，那我们自己眼中的潇洒浪漫在别人的眼中就是披头散发。

把这几步做好可能都用不到五分钟的时间，眼线、腮红和眉毛这样的环节在早上比较紧张的节奏当中，如果做不好完全可以省略不做，把精力放在简单而容易精彩的地方。

二、挽救痘印皮肤

你长过痘痘吗？脸上有没有痘痘消失后留下的印记呢？痘印会影响到整个面部的美感，的确让人很恼火。别着急，我来告诉大家可以如何通过化妆的技巧，把痘痘的印记藏起来。

首先要在化妆之前进行护肤的保养，彻底的清洁滋润后涂上隔离霜。有遮瑕作用的化妆品分为遮瑕膏和遮瑕笔。生活中推荐使用遮瑕笔。因为笔状的遮瑕接触皮肤面积比较小，不会因为使用量控制不当而欲盖弥彰。在痘印上点涂比肤色略深一点的遮瑕膏，千万不要涂比肤色浅的颜色，那会显得比较滑稽。遮瑕膏点涂后，用粉底海绵蘸上和肤色接近的粉底，轻轻用按压的方法让整个面部色调均匀，一定要注意，是按压而不能来回涂抹，这样才会牢固。越是有痘印的地方越要轻轻地按上去，遮瑕作用才能显示出来。对于痘痘已经消失仅留痘印的皮肤，可以用这样的方法让皮肤显得光滑整洁。但是如果脸上的痘痘依然有红肿发炎的情况，建议尽量不要用粉底，等到发炎的症状消失以后再化妆。之所以留下了痘印，就是因为痘痘皮肤没有得到妥善的护理，导致皮肤发炎，甚至到化脓，留下了影响美丽的痕迹，所以如果一旦皮肤长出了痘痘，一定要用专业的产品和正确的方法调整，注意饮食清淡，心情放松，给自己减压，千万不要用手去挤，养成良好的生活习惯，保护好我们的皮肤。

三、消灭黑眼圈

　　凡是有黑眼圈的人多会被说成是国宝熊猫。黑眼圈长在熊猫脸上是憨态可掬，长在人的脸上就是无精打采，甚至老气横秋了。所以有黑眼圈不是好事情，是影响美丽的大敌。黑眼圈是一种很常见的现象，成因有家族遗传，睡眠不足，长期疲劳，或是健康出了问题，在眼睛周围有一圈暗沉的颜色，看上去满脸的倦容，自身的魅力随之大打折扣。我们常常挂在嘴边的明眸善睐，是指眼睛水汪汪的闪闪发亮，黑白对比分明，但是一旦有了黑眼圈，眼球的对比会随着黑眼圈的出现而减弱，眼神的明亮程度也会受到影响，所以想让自己的眼睛漂亮就必须消灭黑眼圈。很多人认为遮盖黑眼圈就是把浅色粉底盖在黑眼圈上，其实，这种方法是不正确的。因为浅色的粉底涂在黑眼圈上黑眼圈不但不会消失，反而会变成了青灰色，加重了病态的感觉。这是因为白色压在偏暗的颜色上就会显得泛青灰色，所以遮盖黑眼圈要使用偏橘色的暖色系的遮瑕膏或者粉底，这样才会有效地遮住黑眼圈。如果我们的化妆包里没有这类的遮瑕膏，可以取一点点偏橘粉色的口红和粉底液，再用化妆笔一笔一笔地涂在黑眼圈的部位。涂完之后用海绵轻轻地按压，让这些颜色和肤色完全地衔接融合到一起。让皮肤整体的颜色均匀。下眼线省略不画，可以减少下眼睑颜色的沉积感。在工作和生活中忙碌的现代女性一定要养成良好的护眼习惯，长时间的在电脑前工作就要让眼睛放松、休息。另外补充适当的微量元素也会有益于眼睛健康。眼睛周围的皮肤是最娇嫩的皮肤，注意保养，就会推迟眼角皱纹出现的时间。

四、把皱纹藏起来

皱纹是衰老的标志，美丽的大敌。我们最不愿意看到脸上慢慢地长出皱纹，在唏嘘青春渐逝的同时就是要想办法补救。皱纹的出现是一种警告，既是提醒我们已经开始走向了衰老，同时也是对于不爱惜自己的警告。良好的护肤习惯是完全可以让皱纹推迟出现的，如果有一天皱纹真的不期而至，也不用害怕，通过简单的化妆方法可以让它们隐身。首先我们要养成滋润保养皮肤的习惯，一年四季的补水保湿是不容忽视的，因为女人是水做成的，喝的水，抹的水，甚至空气中的水分，一样都少不了。水分充盈，心情快乐，健康自信的女人是不会老的，熟女们要时时刻刻注意生活中良好的习惯。另外，想要皱纹隐身就要远离膏质的粉底，膏质的粉底遮盖力都很强，质地比较厚，涂在皮肤上虽然可以遮瑕，但是，粉底会塞入皱纹的缝隙中，加强了皱纹的沟壑感。脸上的皱纹就更加明显。如果已经长了皱纹就尽量地使用液体的粉底，而且蜜粉的使用也要少，保持皮肤滋润的状态。除了液体粉底是减少皱纹的利器之外，腮红也至关重要，把偏暖色的腮红从下眼睑的眼角部位向颧骨的方向画圈晕染，位置靠上提升面部，暖色本身是有扩张膨胀的视觉效果，可以减少皱纹的存在感，让皮肤显得光滑年轻。

五、化个瘦瘦妆

　　化妆师其实和魔术师差不多，都可以大变活人。化妆师的变，是让普通人变成像明星，把平凡变得美丽，把美丽变得精彩。所以通过化妆让丰满的你显得瘦也是可以达到的。自从有了美颜相机等美图软件，每个女人在拍完照片后都要把自己的照片修一修才肯发出来让大家看。修片的主要的部位就是脸型，希望自己的脸型比照片上的脸形要显得小。这个时候会做出两种决定，一个是下定决心通过手术把多余的骨头和脂肪去掉，然后填充成尖尖的下巴，俗称锥子脸，说实话，我一点也不觉得这样的网红脸漂亮。二就是选择放弃，因为第一种要有一定的经济基础和敢于面对手术的勇敢的心，不肯对自己下狠手就只能保持原样。如果觉得这两种都不适合自己。那就和我一起来通过化妆让自己的脸显得瘦一些。首先我们把面部的骨骼做得立体紧致，使用比自己肤色略深一点的粉底，不要小看这一个小窍门，深色粉底绝对是让你显瘦的看家绝技。这里所指的深色粉底不是像舞台上涂成非洲人那样黑黑的，而是比自己的肤色略深一点就可以，它的作用就是利用色彩的视觉错觉，让脸型看上去会显小，因为偏深的颜色本身就有内收的效果。在额头，鼻梁和下颏涂比基础色稍微浅一点的粉底，让脸型的凹凸感觉更加明显，加强立体感。在颧骨下的凹陷处涂抹更深一度的粉底，让自己的两腮凹陷面颊也会显得消瘦。其次我们再在细节上下功夫。通常我们形容一个人瘦就会说，"哎呀，看你瘦的就剩眼睛了"。所以让眼睛变大，也是让人显瘦的一个好办法。眼睛大了脸型就会显小，改变眼睛与脸型的原有比例充分地扩大眼型，例如让睫毛浓密卷翘，甚至可以粘贴几根假睫毛；放大眼影的晕染范围，眼线画得清晰整齐。尽最大的可能以自然的姿态扩大眼型。再次眉毛要画得略粗，让脸上的空白点尽量地减少，当眉毛变粗，眼睛变大，脸型立体紧致的时候，就会发现原来化妆就可以让自己显得瘦几斤。

妆扮起来

六、不做黄脸婆

　　黄脸婆是对女性不敬的称呼。一听到这样的称呼，是很沮丧伤心的。这样的女人多是善良贤惠的，之所以忽略了自己的形象是因为她们把全部身心都给了家人，照顾父母相夫教子。看看哪个社交名媛会被称为黄脸婆呢？因为那些名媛们的精力都放在了穿衣打扮，社交应酬上，而并非我们平凡生活中的柴米油盐，所以用这种称呼称为贤良勤劳的女人则更是不应该。女人的脸色和自身的体质以及家族的遗传都有很大的关系，年轻时就面色萎黄，在家族史中也没有类似的症状就要去医院让医生帮忙诊断，看看是否是体质出了问题，进入三十岁以后保养不当面色也会随着年龄的增长而越来越缺乏血气，皮肤颜色就会逐渐显得暗黄而没有光泽。我们可以通过化妆在短时间内让自己的面色由萎黄变得红润，不要让别人再把我们叫作黄脸婆。彻底的清洁皮肤，养成在固定的时间内清除多余的老化的角质层的习惯，让毛孔保持通畅，这样我们所使用的滋养型的化妆品才能渗透到皮肤内层，才能发挥它们的作用。如果我们的毛孔没有及时的清理，没有保持通畅，那用多少的精华都等于浪费。选择底色的时候要选择偏粉紫色的，淡淡的粉紫色可以减弱脸上的黄气，让脸色看上去红润。在一些化妆品专柜的柜台上经常会看到偏紫色的修颜液，作用就是先调整肤色。紫色和黄色在色彩关系上属于补色，简单的讲就是紫色的出现会让黄色显得明亮洁白。用了紫色的修颜液之后可以薄薄的涂一些暖色的粉底，让肤色显得更加自然。腮红和唇膏都要适用同样色调的，这样人会显得靓丽且温润。另外我们在服装的选择上一定要注意，避免穿着暗黄、灰绿、灰棕这样调子的衣服，那样只会使面色显得更加的暗沉。如果实在来不及化妆，也可以选择一条淡淡的紫红色的围巾，这样可以把肤色衬得红润健康。在这里还要对先生们多说几句话，女人需要爱和赞美，谁不希望美丽一直相伴呢。她的美其实并没有消退，只是慢慢地浸润到生活里了，帮她拂去遮住她美丽光芒的灰尘，鼓励她重拾美丽的决心。

七、化妆的加减法

　　身边很多朋友，喜欢在化妆时把自己的脸部每个细节都做到极致，眉毛要黑，皮肤要白，嘴唇要红，眼睛要大。以至于在化妆的过程中会消耗掉大量的时间，一笔一笔精心描画，当脸型、眉毛、眼睛等等渲染得都无可挑剔精致可人时，反而觉得哪里不对劲，看来看去每一个局部都在跳跃着，勇往直前的向前冲，都是重点就没有重点。有一次看电视，一位综艺女主播已经面目全非了，黑粗的眼线，闪亮的眼影，浓密的假睫毛和耀眼的红嘴唇，再配上频繁整容后的网红脸型，真是美人迟暮用力过猛，倒让我怀念她以前的清新模样了。在形象上过量的添加就会不负重荷，人也显得矫情不自然，如同美食中多加了比例不正确的调料后会失去食材精美的味道，而食不下咽了。我们在生活中的化妆是不用面面俱到的。化妆的加

减法是日常生活中化妆的妙招。所谓加法是指增加、夸张、强调。例如：如果睫毛生得不够浓密或是眼睛轮廓不够清晰，那么就可以用睫毛膏和眼线笔来达到让睫毛浓密眼睛轮廓清晰的效果。这是在原有的基础上进行渲染强调，此为加法。所谓减法就是省略、减少，甚至放弃。例如觉得自己的嘴唇过厚，按照以往的化妆模式会先涂一层粉底，再把嘴唇的轮廓变小，画上比较明显的唇线后再往唇线里填上很深，很明显的颜色。这样从远距离看嘴唇的确是小了，但是如果从近距离观察嘴唇就显得非常的滑稽，经常所提到的欲盖弥彰莫过如此，缺点没有修饰好反而暴露得更加明显。如果我们不满意自己脸上的某一个部位，在化妆的过程中又没有很好的技巧去夸张渲染的时候，索性用减法把它忽略掉，这样起码保证不会把缺点非常明显地摆在别人的面前。

早起忙碌紧张，我们就使用减法化妆，快速而准确地让自己以整齐亮丽的姿态出现在工作岗位上。适当的修饰是最适合工作状态的，也许是淡淡樱红色的嘴唇，也许是低垂眼帘时自然卷曲的睫毛，也许是远山青黛般的眉毛，总之不需面面俱到，看似不经意的轻描淡写，却给自己职场上多了一份自信从容。

　　下班后，邀约三五知己倾谈小聚时，就可以使用加法化妆，简单快速地让自己和白天工作中的状态判若两人。再涂一遍睫毛膏，把眼线画清晰，让眼神更加的迷人。拿出化妆包中那只艳色的唇膏，涂在嘴唇上；再用粉饼轻轻地在脸上拍几下，肤色会更均匀柔和。尤其是眼睛周围，经过了一整天的工作，肯定已经有倦容出现了，如果没有条件卸妆重新化妆，就用粉饼快速地修整皮肤，效果也是很好的。最后，用手指插入到头发根部，抖一抖发根，让发型蓬松起来，就闪亮变身成为聚会中的焦点人物了。

现在，和我一起，站在镜子前，仔细看镜子里那张最熟悉的脸。镜子里的人眉毛的形状是否清晰整齐呢？眼睛是否有神？睫毛浓密吗？皮肤保持得如何？细腻光滑吗？嘴唇的轮廓是否清晰？你喜欢镜子里的你吗？最喜欢哪里？

挑出镜子里那个人你最喜欢的局部，可能是大大的眼睛，可能是微笑的嘴唇……无论是哪个部位，把它夸张强调，让它变得更加美。如果镜子里那个人的脸上有你不满意和不喜欢的部位，那我们在化妆的过程中就不要在这个部位浪费时间和精力，索性就把它省略掉。利用这种化妆的加减法，尝试在不同的场合对自己的形象进行修饰，渐渐的，你会发现，原来我们离美丽的距离可以如此之近。

八、做个"色"女郎

    我一直认为这世上所有的颜色都是为人类服务的

    我们可以尽情地享受不同颜色影映下的，如繁花般绚丽多彩的人生。享受缤纷的世界本应是愉悦的，但是身边却有越来越多的朋友对选择颜色，使用颜色心生畏惧，她们在面对扑面而来的斑斓时，会觉得眼花缭乱，不知道从何下手。经常会听到朋友们说：我是冷色的，她是暖色的，诸如此类的话，然后还会紧接着会告诉我，她在不知道自己属于何种界定范围的时候还能自如的买衣服买化妆品，可是知道了自己的颜色范围后，反而被束缚住了，那与生俱来的对于色彩的直觉判定也随之变得飘忽不定，人像被颜色捆住了手脚，看到喜欢的也不敢买，经常穿到的服装，化妆包里曾经最爱的口红，动都不敢动了，因为那些已经不是属于自己的所谓的色彩属性范围之内。当身边这样的朋友越来越多，面对的问题也越来越相似的时候，我发现原来她们在不知不觉中已经变成了色彩的奴隶。

可是我们本应该是驾驭色彩的人啊，怎么成了色彩的奴隶了呢？原因很简单，就是盲目地"拿来"，生搬硬套的盖戳式样的搭配方法肯定是会水土不服的。对于颜色，不用过深的知其然还要知其所以然，只要简单的知道些色彩的基本常识就足以让你变被动为主动，把五颜六色轻松拿捏于指间，手指一拈，万花筒般的缤纷世界就会呈现于眼前。色彩多与少，面积大与小，都会控制得轻松自如。举个例子，就以冷暖色来说，冷暖相对不绝对。这世上，没有绝对的冷色和暖色.所谓的冷暖概念都是相对而言的。在多数人的印象中认为蓝色是属于冷色的，我们以大海为例，从歌词到诗句都会说到蓝色的大海。是的，大海的颜色是蓝色的，但是在同一天不同的光线

的气候背景下，大海所呈现的蓝色也是不尽相同的。夜晚

是暗调子的，里面加了灰、黑，蓝色看上去就显得阴沉深邃；

大海会有太阳升起时闪烁的光辉铺洒在水面上，海水里会

的颜色，那这时候的蓝色和夜晚当中的蓝色，虽然同属

，但是颜色本身的冷暖性质，如果放到一起来看，那就

。夜晚的蓝偏冷，而清晨朝阳下的蓝则偏暖。这就是同

参照物发生变化的时候，它本身的冷暖性质也会产生变

举这个例子就是想告诉大家。没有绝对的冷色也没有绝

同样，对于色彩搭配来说，世界上没有不美丽的颜色只

搭配方法。我们知道了颜色的冷暖属性，在选择色彩进

程就可以作为一个可参考的依据，而不是把自己捆绑于

系中，束手束脚迷惑而不能自拔。

我来教大家和色彩做朋友，用最简单的方法取得最好的

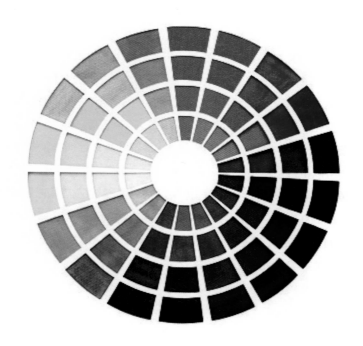

效果。

这个色环光谱是我们生活中经常会用到的颜色，颜色越艳丽它的饱和度就越高，带给别人的视觉反应就越是兴奋、激动、快乐；反之，颜色的艳丽程度如果下降，我们的视觉反应就是忧伤、安静、迷茫，怀旧等等。还有就是颜色越浅（白色的成分多）就越亮丽、干净、清纯、明媚；反之，颜色中加入了或多或少的黑色后，就显得凝重，暗沉，陈旧，庄重。这是最简单直观的判定颜色的方法，想要视觉冲击力强，吸引注意力，欢快，激情，那就选择艳丽的颜色；想要清纯简洁，明媚亮丽就选择浅淡干净的颜色；想要沉稳大气，端庄就选择偏暗一点的颜色。

在妆面上，经常会用到以下几种颜色，不同颜色的妆容会产生不同的效果，根据自己的需求，可以在相应的场合使用相协调的色调。

1. 低调平和

如果想让自己显得既漂亮又低调平和，那棕色系的妆容是最恰当的了。棕色属于安全色系，绝对是这种妆容首选的颜色。很多朋友其实心里是渴望化妆的，但是又担心化完妆以后会被同事和朋友们看出来，觉得脸上会一块一块的颜色，很不好意思。那么，使用棕色系就不会出现这种妆色明显，心情紧张的情况了。棕色又被称为大地色，适合我们亚洲人的肤色。属于同一个色系的颜色在色彩关系中我们把它称之为同类色，使用同类色的颜色进行搭配，出来的效果是自然真实柔和，正好符合了我们想要的低调平和的妆容的要求。在这款棕色系的妆色搭配中，眼妆是使用棕色眼影做渐变的过渡。无论使用哪种颜色，画眼影时一定要记住贴近睫毛根部的颜色是最重要的，这样可以扩大眼睛的轮廓，让眼神显得深邃。下眼睑睫毛的边缘也要同样用棕色眼影晕染，然后和肤色自然衔接。眉毛的颜色可以使用深棕色的眼影粉或者眉粉在眉毛上轻轻扫几下就可以，需要提醒大家的是：眉毛的颜色一定要比黑眼球的颜色浅，这样看上去人平和且温柔。腮红虽然使用的也是棕色系，但是和眼影的颜色相比要略微的偏暖一点。嘴唇的颜色就使用贴近唇色的浅豆沙色，这样不浮夸，自然，低调，人还会变得生动漂亮。建议不经常化妆的您一定要试一试，这种色系的搭配，妆面完成后是没有明显的化妆痕迹的。

2. 活泼可爱

　　说到活泼可爱，我们都会想到美丽的芭比娃娃和童话世界中的公主，其实不论女人的年龄到什么阶段，不论她显得多么成熟，事业做得多么成功，心里一直都住着一位小仙女，都会做着属于她们自己的公主梦。熟龄的女人一样可以实现自己心中的公主梦想，只要控制好颜色的使用量和深浅程度，这种活泼可爱的造型，在适当的场合，绝对是会让人眼前一亮的。

　　粉色是实现活泼可爱，公主梦想的颜色。在使用粉色的时候，我们需要注意以下两点：一是颜色的饱和度，也就是这个颜色鲜艳的程度不要太高，我们尽量选择轻浅一点的粉色，避免选择浓艳强烈的粉。颜色轻浅的粉色在妆容上，其实是有减龄效果的，可以帮助我们显得青春靓丽，但是浓艳的粉色则恰恰相反，会把人显得俗艳脂粉气，所以颜色的选择很重要。二是晕染的面积不要过大。不要超过眼球的最高点到睫毛根部之间的这个部位，这样可以扩大轮廓，还不会增加眼睛的肿胀感。这种粉色如果晕染面积过大的话，就会让眼睛显得肿胀，像刚刚哭过一样，没有起到美化形象的作用。我们在生活中想把自己打造得活泼可爱，一定要注意皮肤首先要做成白皙健康，因为粉色在偏白色肤色的基础上会显得粉嫩柔和，青春可爱，但是如果肤色颜色和质感条件不是很好的时候，还是要提醒大家尽量地避免使用粉色。

　　腮红的位置是放在颧骨的最高点上，同时也是要注意颜色的选择要浅，腮红呈现后的妆面效果应该是自然健康的粉嫩红润的肤色状态，而不是刷上去很刻意的两团红色。嘴唇的建议是使用淡粉色的唇彩，这样既快速又简单。

3. 性感魅惑

　　一直认为紫色是最能表现女人味道的颜色，性感，神秘。记得以前看过一本书，书里面的女主人公从家居布置到服装搭配全是深浅各异的紫，当时脑子里就在想：这是一个何等美丽的女人，才能把紫色运用得如此的娴熟巧妙。在色彩关系里面我更倾向于偏暖一点的紫色，因为这样的紫色看上去既有女人的性感又不失温柔，如果紫色里面蓝色的成分太多，就会觉得冷冰冰像拒人千里之外。所以如果我们在生活中选用紫色作为化妆搭配的颜色的时候，我建议还是使用稍微偏暖一点的紫，也就是紫色当中红色的成分要比蓝色的成分占的多一些，这样女人的那种性感妩媚、神秘和妖娆就都可以体现出来。我们选择紫色作为眼影时要注意，贴近睫毛根部永远是最深的。也就是说我们在化妆刷上蘸上眼影粉第一笔要贴住睫毛根部，然后用剩下的颜色向眼睑部位逐渐晕染过度均匀就可以了，而不是把

第一笔放在我们所说的眼皮上，那样整个妆面就会看上去很滑稽，不但眼睛轮廓不能扩大，反而会像被打肿了一样。使用紫色的眼影，睫毛上的处理也要很细腻、精致。要把睫毛处理得尽量上翘浓密，这样才能配得上这种魅惑的眼神。下眼睑的眼影同样要和上眼睑有一个呼应，只是面积和颜色略浅一点就可以，眼妆效果完整统一。腮红的紫色要偏浅，在这里提醒大家，如果我们画紫色的眼影，腮红的颜色就不要太暗，太暗会显得人的脸色发黑，有病态的感觉，所以腮红的颜色还是尽量浅一些，不要太浓重。至于嘴唇，我觉得现在流行的哑光紫是非常的高级迷人，可以尝试放到这个妆容里。这种哑光紫的唇妆时必须要注意边缘线干净整齐，这样才能让整个的唇形轮廓饱满，圆润性感，和眼影搭配起来非常的完整统一。

4. 冷酷到底

　　还记得曾经风靡多年的烟熏妆吗？电视上杂志里都是满屏满眼的烟熏妆。追赶时尚潮流的人也都会为自己画上一个黑黑的眼圈标榜自己与时尚同行。其实烟熏妆真的很迷人，并且一直都在，没有退场。只不过随着大家审美水平的提升和使用场合的变化，烟熏妆的晕染的面积和表现方法也随之产生了细微的调整。现在我们在画烟熏妆不会把整个眼睑都铺上很满的颜色，而是在眼球周围做很细腻的晕染，这样既扩大了眼睛的轮廓，还让眼神显得深邃迷人，不会像整个眼睑都如熊猫眼一样涂得满满的，充满戏剧感。我们在眼睛上使用黑色眼影的时候，要注意眼影本身的质量，因为如果黑色运用不好就会出现眼影粉掉渣的现象，也就是在眼影刷晕染眼影的过程中，黑色的眼影粉末会掉落在皮肤的其他位置。如果出现这种情况就会影响到整个妆面的整洁，看上去脸脏脏的不好看。避免这种情况的发生，一是要选择高品质的眼影，二是要注意我们在眼影刷上蘸取眼影的量要适度，一次不要取太多的眼影粉，只是一点点就可以把我们的眼影晕染开。晕染的位置还是在睫毛根部最深，向

上逐渐变浅到眼球最高点的部位，其实黑色的眼影就已经慢慢地融入皮肤当中与肤色自然衔接。下眼影同样也要是这样的晕染技巧，贴住睫毛根部最深，慢慢地向肤色过渡与肤色自然融合。画了眼影之后，眼线也是要画的，因为眼影的黑色和眼线的黑色饱和度还是有差异的。眼线要更深一些，这样就会更进一步地使眼睛凹陷，所以眼线也要有修饰。如果条件允许，自己操作也比较熟练的时候，我建议画这个妆还是要粘贴假睫毛。配上浓密的睫毛之后，这种黑色的烟熏妆才会有更加迷人的味道。对于腮红肯定不能像其他的妆面一样使用同类色的颜色，因为那样看上去会显得恐怖，一个黑腮红放在脸上怎么想都不好看。所以在这个环节，我们需要使用与眼影颜色最接近的暖色作为腮红的颜色，也就是偏紫色。腮红的位置要放在颧骨边缘，向嘴角方向斜画可以使脸型更加立体。嘴唇的颜色也使用偏紫色的调子，如果配合相对应的服装也可以选择跟服装协调的色彩，无论使用什么样的颜色，都要和妆容整体风格一致。

5. 温婉柔和

不知道大家是否留意现在电视里很多综艺晚会和明星访谈，艺人们的造型越来越轻浅自然，她们的妆容有一个共同点，就是使用了大量的棕橘色。不是饱和度很高的橘色，也不是低调简约的棕色，而是把棕色和橘色揉到了一起，用到妆面上，即低调，又略有张扬，这种妆容完成后人看上去非常的温婉柔和，具有很强的亲和，我们在选择眼影的时候就可以选择棕色和橘色各占百分之五十的颜色，在上眼睑均匀地晕染开。晕染的范围是在眼球的周围，不要晕染的过高，眼影面积晕染的越大眼睛反而会变小，如果眼影只是在眼球周围做晕染，那眼睛的轮廓就会随之放大。这个妆面要强调睫毛的质感，上翘浓密的睫毛一根一根向上翘起，光线照过来会形成自然的光影，能够增加眼球的内陷和眼睛轮廓的放大。腮红和口红都使用和眼影调子一致的颜色，整个人看起来的感觉都非常的温暖柔和。如果是在红毯或是比较隆重的光线场合下使用这种棕橘色作为化妆的颜色，可以在内眼角边缘加上一点暖暖的金色。从金色过渡到棕橘色，又在温暖柔和的基础上加上了一点闪亮的成分，显得非常的明媚灿烂。

6. 清纯靓丽

我很喜欢淡淡的天蓝色，就像夏天里一阵轻风吹过来的感觉。把天蓝色放在妆面上，人也是清爽明亮的。如果我们的化妆盒当中没有合适的天蓝色，在这里教给大家一个好的办法，就是我们用现有的化妆盒里的颜色来调配出适合多个的妆容的颜色。用化妆盒里面原有的蓝加入白色，在刷子上慢慢调试就可以调配出我们想要的那种明媚的天空蓝。画眼影的时候让浅浅的天蓝色在上眼睑晕开，渐渐的和肤色融入到一起。在眉骨的部位要有一些少量的白和天蓝色衔接。我们的肤色基本偏棕黄，如果肤色不够白皙，蓝色涂在皮肤上，就会有一些绿的成分反映出来，所以为了保证天蓝色还原度尽量高，皮肤的颜色就要保持白皙。天蓝色的眼影是否要画眼线呢？这方面我个人认为是可以省略的，因为黑色的眼线和天蓝色的眼影在一起不协调，色彩反差比较大，会破坏这种纯洁、明媚的感觉。只是注意把睫毛做精致漂亮就可以了。腮红和口红的选择上也要使用和天蓝色距离最接近的暖色，那就是粉色。淡淡地粉色和天蓝色搭配起来是最协调不过的了。腮红淡淡地涂在颧骨周围，制作出粉嫩的肤质效果，口红也是用浅粉红色的唇彩。整体妆容自然柔和，风格统一。

第四章

魅力变身

○○○

一、职场女神变身计

在职场奋斗的女人，从容、淡定、自信，值得尊敬。

1. 越自然，越美丽

原有五官条件：椭圆脸型，额头宽大饱满，眉形粗且散乱，眼睛内双眼睑，嘴唇丰润，皮肤呈敏感状，干燥有红血丝。发型长度为齐肩短发。

造型方向：改善皮肤状态，收小脸型，放大眼睛，发型要蓬松，整体造型生动有美感。

哲老师是我的好闺蜜，每次见面我都会对她说："哲呀，化化妆吧。"哲的工作在她的生活中占很大的比重。从睁开双眼就开始在学校忙忙碌碌，真的没有多余的时间放到自己的脸上。但是，看到她如此忙碌而忽略了自己的形象，对于我这个有美丽强迫症的人来讲，真是忍受不了。一张本可以精彩明艳动人的脸庞，却被放到一边不修饰不整理，就总想摁住她，把她变成我知道的她可以变成的美丽模样。

没有化妆修饰的哲老师是十足的女汉子，脚上像踩着一个风火轮，从教室到操场，从图书馆到办公室，都是风风火火、忙忙碌碌。来，我们一起仔细观察一下哲老师。她的轮廓和五官细节都是很漂亮的，接下来就要一步一步地打磨她，把她的美丽释放出来。

● 粉底

　　说到粉底，不得不多说几句哲老师的皮肤现状。她的皮肤大面积地泛红是皮肤敏感的反应。这和她长时间不注意保养，皮肤的水分和营养都严重不足，生活中又不注意防晒，导致皮肤的表皮越来越薄，毛细血管也越来越脆弱有失。所以她的皮肤在向它的主人抗议。

　　无论工作多忙都要照顾好我们的脸。打粉底，对于受损皮肤而言就像是急诊室抢救用的特效药，可以先控制病情，看上去缓解，但是如果要根治必须要做"手术"，并且"手术"后还得静养。现在我们给哲老师脸上轻轻地打上一层薄薄的粉底，只是暂时地调整肤色，可改变不放红的毛细血管，让脸色看上去均匀没有瑕疵。但是要从根本上改变皮肤的现状，就需要每天认真细心地呵护。

眉毛

看到哲老师的眉毛就知道她的工作有多忙了，忙得都让自己的眉毛乱成了杂草。她的眉毛条件其实是很好的，只是疏于整理才随心所欲地长成了现在这个样子。其实美丽并没有想象的那么难，只是缺少了正确的方法，当掌握了这个方法，越来越熟练之后，美就会变成生活中的常态。哲老师的眉毛是绝对的原生态的眉毛，长得很随意。这样散乱的眉形是会影响到眼睛的神采的。仔细看下，她的眉毛颜色和浓密程度都是很好的。用专用的修眉小刀把杂乱的眉毛清除掉，留下来的就是生动清晰的眉型。只是修整了眉毛，看上去马上就不一样了，精神了很多。

◎ 眼睛

　　哲老师的眼睛就是我们经常所说的笑眼，即便不说话也是满脸盈盈的笑意。在妆容上，太明显的有妆色痕迹的妆容是不适合老师这个职业的。适当的修饰会让课堂的气氛越来越好，而不会影响到教学质量。所以对于哲老师的眼妆在处理上就是不画眼线，只是在眼睫毛的根部涂一些大地色彩的眼影，让眼睛产生凹陷的视觉效果。睫毛一定要夹卷曲后刷上睫毛膏。在这里建议老师们在平时化妆时刷睫毛膏一遍就可以了，不要把睫毛刷得很沉很重。睫毛的作用是增加眼球的黑白对比度，眼神显得清晰明亮，目的就达到了。

◉ 嘴唇

　　嘴唇的颜色要控制，一般比自己的唇色略深一点、略暖一点就可以，千万不要化成红色感觉的嘴唇，那样会使整个的妆面显得过于浓重，更不适合讲台上的教师身份。老师的妆容要清淡端庄，不会影响学生对于整个课堂的注意力集中。我们一起来看一下哲老师打造完的形象：干净，浅淡，优雅，柔和。我们想象一下，如果我们是一名学生，看到我们的老师以这样的形象站在讲台上，是不是会很喜欢呢？

　　化妆是需要反复练习的。做任何一件事情，都是从陌生到熟悉，这个过程需要时间的累积。在每一次画的过程中分析成功和失败的原因，慢慢地找到手感才会越来越熟练，妆肯定会越画越好。没有一个人是第一次拿起化妆笔就可以把自己画好的，通常都是前几次的妆面会以失败而告终。妆没有画好，其实一点也不可怕，用洗面奶把脸洗干净就可以让人恢复原状，然后再次拿起化妆笔，想一想刚才在画的过程中到底是哪一个环节出了问题，我们这次要如何调整。一遍又一遍的练习，让自己逐渐地达到想要的那个美丽的状态。相比较现在风靡的微整和半永久而言，化妆是最安全的。

每天拿出几分钟的时间，今天可以试一试眼线，明天可以练练夹睫毛，后天涂点唇膏吧。总之，我们自己就是最好的练习模特，可以大张旗鼓地在属于自己的这片试验田上尽力地工作，直到有一天美丽的妆容大丰收。只要练习，只要每天用几分钟的时间给自己，美丽就会离你越来越近。

魅力变身

2.遇见最美的自己

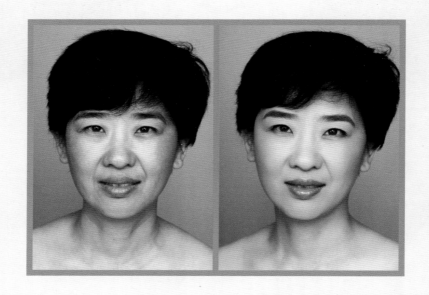

　　原有五官条件：倒三角脸型，额角宽阔，下巴内收。粗眉，内双眼睑，嘴唇偏厚。发型为短发。

　　造型方向：调整肤色，扩大眼形，强调职场女性的简洁干练。发型饱满。

都说爱笑的女人运气好，这句话对于雅淇而言，绝对正确。认识雅淇的时间并不长，但是每次见到她时，她的笑容总能给我留下难忘的印象。永远是那上扬的嘴角，清澈的眼神，爽朗的笑声。在她的身上，你完全可以忽略她的年龄。如果她不提起，你丝毫不会察觉到她身上曾经有的病痛。她就像是一朵散发着能量的太阳花，用快乐和温暖感染着身边的每一个人。

● 粉底

　　雅淇自己的肤色比较浅，一般来说肤色偏浅的人，皮肤的质地都是比较干的，但是雅淇有着和同年龄人相比很强的保养意识，所以她的皮肤质感远远超过了我的想象，弹性和紧致程度都保养得非常好。从她身上我们可以完全地相信一个女人如果从年轻时就开始保养，她的年龄状态年轻十岁根本就不是难事，相反，如果没有这样的意识，把自己放之任之，随意去生长，那么比自己的实际年龄衰老十岁也不足为奇了。与其羡慕别人的年轻美丽，不如从现在就开始爱自己吧。

　　粉底的选择要与她的肤色最接近。把粉底薄薄地涂在脸上，让整个的面部肤色均匀，肤质也会显得更加细腻。这里要提醒大家粉的用量一定要少，不论您定妆用蜜粉还是粉饼，都要薄薄地按在打完粉底液的皮肤上就可以了，不要使用大量的粉在脸上按压．那样会使皮肤看上去又干、又粗糙，没有透气感，还会让皱纹的沟壑感随着笑容越来越明显。所以定妆也要定的巧妙，既固定了妆容，也不能影响皮肤清透的感觉。

◎ 眼睛

　　雅淇的眼睛在不笑的时候也是弯弯的，带着一丝笑意，这样的眼睛，我们在化妆的时候一定尽量保留住天然的清澈。眼线要紧紧地贴住上眼睫毛的根部，不要有明显的黑线痕迹，既把眼睛的轮廓放大，还会显得清晰动人，没有明显的修饰感。下眼线可以忽略不画，这样眼睛就不会被全都有的眼线框住。眼影使用大地色系是最简单也是最安全的。眼睫毛是永远不可以放弃的，一定要把眼睫毛夹得上翘，然后再用睫毛膏一层一层地涂在睫毛上。注意涂睫毛膏的时候一定要按照横拉推卷的方法，不要让睫毛膏在睫毛上出现打结的现象，这样睁开眼睛我们的眼神就会更加的明亮动人。

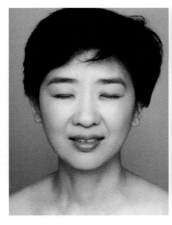

● 眉毛

　　雅淇的眉毛先天条件非常好，浓度和数量都很好，只是长得形状略微粗了一点，但是恰恰是这对略粗的眉毛为她的年龄减龄加分不少。眉毛越细，人的年龄感就越强。一般我们在影视舞台人物的塑造过程中，弯弯细细的眉毛是对女性沧桑风尘或是表现这个女人尖酸刻薄的时候才会用到。生活中，如果把自己的眉毛化成这样，就会产生距离感，让人不喜欢也不愿意接近，所以在修整雅淇眉毛的时候，我保留了她自己的粗眉，只是在她原本眉毛的基础上修出了一个自然起伏的弧度，这样，既可以减龄，又可以让人看上去非常有精神。

腮红

　　腮红使用了现在比较流行的画法，就是把腮红的位置放在眼睛的下边缘和颧骨交界的地方，这样涂腮红的好处是脸型上提，会有减龄的效果。腮红是脸上自然的红润，若有若无是最好的状态。

● 嘴唇

　　雅淇的嘴唇长得很饱满，尤其是微笑的时候。在生活中这样比较性感的唇型尽量不要使用大红的颜色，会过分吸引别人的注意力，淡淡的暖色唇彩即可。

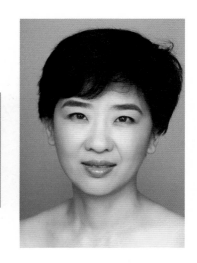

二、魅力生活，美丽人生

　　会生活的女人会工作，职场、家庭自由转身，做孩子眼中最美的妈妈，家人眼中最爱的女人；会工作的女人会生活，爱自己的女人会得到更多的爱。

1. 春风十里不如你

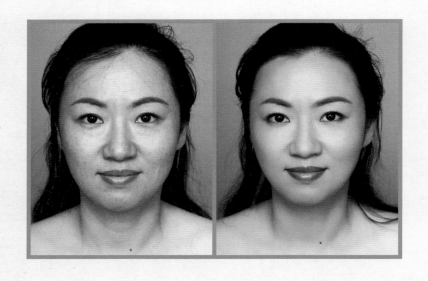

　　原有五官条件：额头高，太阳穴两侧较宽，五官比例协调，眼睛大且双眼睑皱褶明显，肤色整体不够均匀，人显示出疲惫感。

　　造型方向：提升骨骼结构，改善皮肤质感，减龄，知性女神方向。

琦琦是我的好闺蜜，多年的留法经历在她的气质中融入了比别人更多的优雅和浪漫。我一直觉得她的样子就是穿着合体精致的时装坐在塞纳河边的咖啡店，头上戴着一顶精致的小帽，在咖啡的香气中看着夕阳下人来人往。琦琦在聚会中永远是焦点人物，她很会打扮自己，深谙社交中的装扮要领，总会让自己得体地出现在众人面前。我见识过她在职场中叱咤风云的样子，也见过她生活中温柔小女子的体贴。相夫教子，厅堂厨房，角色转换清晰准确。之前我一直认为在职场中打拼的女强人是没有时间为她的先生熨西装的；而那些看上去温柔体贴的好妈妈也是没有精力再从事她所热爱的事业的。但是，就是这位看上去柔柔美美的琦琦，把家庭和事业经营得井井有条。最难能可贵的是，在这个过程中，她并没有遗忘了自己，而是让自己的美丽与她的家庭和事业保持同步。相比较那些号称为了事业，为了家庭而牺牲放弃自己美丽的女人们，琦琦，赢了。

◎ 粉底

　　生活中建议大家尽量使用液体质地的粉底，因为液体粉底会让整个妆面看上去更接近自然状态，不会有明显的粉饰痕迹。不要以为膏质粉底的遮盖力强就经常使用，因为靠粉底让自己看上去没有任何瑕疵，人会慢慢地上瘾，妆也会化得越来越浓。我们现在在录像时都会给艺人们使用高质量的液态粉底，让皮肤呈现自然的光洁状态，所以，在生活中，还是本色修饰最好。

眉毛

琦琦的眉毛基本不用怎么修饰，眉形和颜色都比较好，我们在画眉毛时，只要把握住眉毛的颜色要比黑眼球浅就可以。

◎ 眼睛

　　如果希望眼神温柔，就不要画很明显的眼线，淡淡地在睫毛根部划一条细细的深棕色的眼线就可以了，或者是贴住睫毛涂些深棕色的眼影，眼睛有神还不会显得生硬。

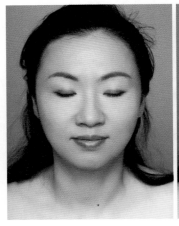

◎ 腮红

　　琦琦的腮红位置是从颧骨斜上方发际线开始，向颧骨最高点涂抹。颜色是暖暖的浅橘色，让肤色显得红润健康。我们在日常中用腮红一定注意选色和位置，颜色宁浅勿深，位置宁高勿低。

魅力变身

◎ 嘴唇

　　最省时间的嘴唇化妆就是用有颜色的唇彩。轻轻几下，大功告成。对于又要陪娃又要工作的辣妈来说，省时省力还没有难度，建议大家都试一试。

2. 守一窗岁月静美

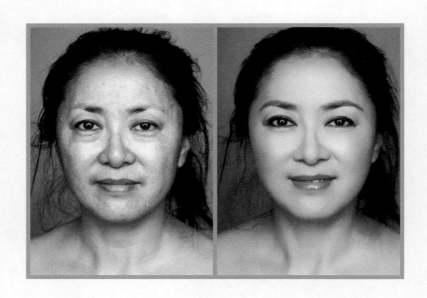

　　原有五官条件：额头高，太阳穴两侧较宽，五官比例协调，眼睛大且双眼睑皱褶明显，肤色整体不够均匀，人显示出疲惫感。

　　造型方向：提升骨骼结构，改善皮肤质感，减龄，知性女神方向。

宏丽姐是影视界的大咖，朋友们都亲切地称她"导"。从初次相识到现在也有快十年了，当年那个在片场拿着麦克指挥着台上台下几百号演职人员的她，现在依然是作品不断，电影、晚会、电视剧都在紧锣密鼓地进行着。知道我在做这本为熟龄女性解决化妆问题的书，"导"特爽快地答应我为了爱美丽的读者们，素颜来做书中的模特，真是让人感动。让我们一起来看下素颜的"导"：眼睛非常大，长期的高强度的幕后工作，她的皮肤已经没有我初见她时那么白皙、紧致了，生了宝宝之后，色斑也悄悄来袭，今天，就要通过化妆来让她恢复她应有的、一直都在的美丽的容貌。

粉底

　　"导"的皮肤有一些色斑，需要在打粉底前用遮瑕笔进行遮盖，这样皮肤在后面程序中就会呈现出很好的光泽状态。遮瑕笔的颜色和粉底色要接近，千万不要有较大的色差，那样脸上最后会显得斑驳，不均匀。遮瑕后用粉底涂匀，量不要大，把肤色调整干净漂亮即可。在这里，交给大家日常处理黑眼圈的方法，可以在几分钟内，让眼睛看上去明亮有神。

　　首先用和粉底同色的遮瑕膏涂在黑眼圈最黑的地方，这时最好用化妆毛笔涂，会比用手涂得均匀，记住，只涂在黑眼圈凹陷下去显得最黑的那个部位，不要涂到其他部位。然后用同色的粉饼按压，蜜粉的遮盖能力没有粉饼强，在黑眼圈部位，粉饼的效果会好些。最后，如果有深浅不同的肤色痕迹，就用化妆刷蘸上粉饼轻轻地做下过渡，让刚才遮瑕的部位不那么明显就可以了。我们看下效果，眼底的黑色不那么明显了，人也就显得年轻了。

眼睛

　　眼线画得略粗些，这个造型是"导"准备参加电影首映礼的红
毯造型。生活中她是个自然随性的女人，很不喜欢复杂矫情的造型，
如果不是她的风格，她宁可不化妆，也不会戴着面具似的妆容出现
在大家面前，所以，干净自然是首要的前提。因为是红毯环境，所
以在眼妆的处理上，眼线略微画粗，扩大眼睛的轮廓，眼影没有明
显的痕迹，只是用橘棕色在上眼睑睫毛根部薄涂了一层，让眼睛显
得凹陷，这个程度的眼妆就足够了。红毯造型不是浓妆造型，是在
不同的人的基础上更加突出美感，更加正式，更有韵味。

◉ 眉毛

　　"导"的眉毛生得很好，发质浓密，形状也不错，我只是把几根杂乱的去掉，就已是眉清目秀了。生活中的妆容不必面面俱到，面面俱到往往也会面面不到，所以，在能节约时间的部位一定不要浪费时间，稍不留神就会用力过猛，辜负了天生的好眉毛。

腮红的颜色是和眼影的颜色同色系的，浅浅地扫在颧骨偏上的位置。前几年很流行苹果肌，就是在脸微笑时，把腮红涂在颧骨最高的位置，看上去人会显得很可爱，年轻的小女生这样涂的确可爱，但是对于熟龄女性，尤其是专业领域中的女强人们而言，多半不会接受，因为，她们会觉得这样的腮红涂法过于幼稚。那我们就试试现在我提到的这个位置，您会发现，脸色会调整得很温润，脸型也会随之紧致上提。

◎ 嘴唇

　　如果眼睛是整个妆面的重点，那么嘴唇的颜色就要退后，不要和眼睛抢。很不理解，经常在日常的环境中，迎面过来一姑娘，背心牛仔裤，却画了一个猩红的嘴唇，每次看到这样的脸，我都想过去给擦擦，如果肤色不白，气质不足，这样的妆还是能免则免，真驾驭不了。

137

三、做红毯上的女王

　　每个人心里都有一双属于自己的水〔〕
之间，做个红毯上的女王。

1. 浓妆淡抹总相宜

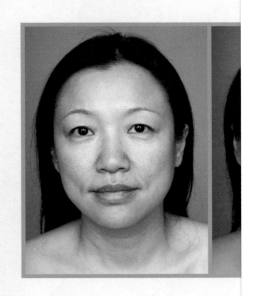

　　原有五官条件：方脸型，眼睛略肿，
　　造型方向：扩大眼形，加宽眉型。

毛医生是个与众不同的医生。对于医生，我一直都是敬重且害怕的，总觉得医生很厉害。很小的时候，为了不打针我能趁父母不注意自己就从医院跑了出去，把他们吓得够呛。从那以后，凡是见到穿白大褂的医生护士，我都是恭恭敬敬，小心再小心。命运真的很有意思，我认识了很多医德高尚、医术精湛的医生，并和他们成了好朋友，毛医生就是其中一位。毛医生是我圈子里的才女，与生俱来的文艺范儿让她散发出浓浓的书香气息。私底下，她有女人的风情万种，琴棋书画无所不通，闲暇时写文章，品茶弄墨，假期约上三五好友，去世界各地游走，让我们这些分身无术的人羡慕不已。女人，就应像她这样，工作起来认真严谨，工作之外，尽情享受人生。

◎ 粉底

　　毛医生的皮肤保养得比我想象的好很多，一个女人是不是爱自己，从小细节就能感受到。粉底选择和自己肤色接近的颜色，这样化妆的痕迹不会明显。肤质偏干，蜜粉一定要少用，越薄越好。

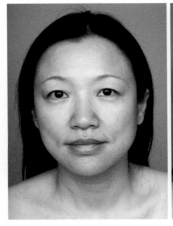

○ 眼睛

　　这次给毛医生的眼睛做了比较大的调整，使用了双眼皮胶带改变眼形，让眼睛显得更大更迷人。如果我们在生活中使用胶带，一定要注意选择透气、服帖、和肤色接近的胶带，贴在闭上眼睛时眼睛原有的皱褶线上，注意不要贴太高，否则睁开眼睛时会显得很别扭、不真实。贴完后，要在上面涂上咖啡色的眼影，尽量和皮肤融合在一起，就会很自然。眼线贴住睫毛的根部，让眼睛更有神采。需要提醒大家的是，日常生活中，尽量不要用眼线液笔，对比太强烈，在自然光线下很生硬，用眼线铅笔最好。

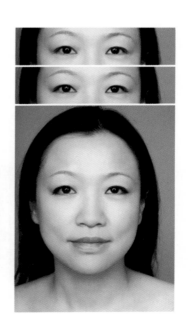

◎ 眉毛

　　对于眉毛天生比较轻浅的人来说，画眉时千万不要画成比她本身发色深的颜色，因为眉毛浅的人肤色都较白，发色也不会很黑，所以，眉毛的颜色不能黑，一黑就会显得很突兀，最好的程度是以接近发色为宜。画眉毛的时候，眉梢的颜色是整根眉毛最浅的，这样看上去很真实。如果觉得画眉毛比较难，那就用深咖啡色的眼影粉在修好的眉毛上轻轻扫几下，效果也是非常好的。

腮红

　　毛医生这次的妆面是想突出她温柔美丽，腮红在强调女性柔美温润上很给力。位置还是放在了颧骨偏上到眼睛的下边缘处，可以提升脸型，并且有减龄的效果，颜色还是要保持浅暖色调，腮红做完后呈现出自然红润的感觉是最好的。

● 嘴唇

　　嘴唇的轮廓要圆润饱满，用唇刷蘸满唇膏，用左右横拉的方式
涂抹，然后用纸巾轻轻压一下，避免过多的唇膏色浮在嘴唇上。

2. 盛服浓妆是辣妈

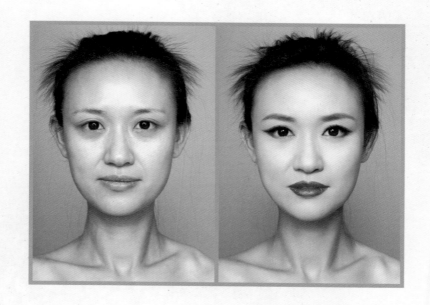

　　原有五官条件：长脸型，眼睛大，眉毛后半段不清晰，两腮棱角比较明显，产后额头有很多碎发。

　　造型方向：复古风格的红毯造型，粗黑夸张的眼线配性感的红唇，发型简洁，干净。

女人总是要有一件晚礼服的，或是露着香肩，或是露着美背，长长的裙摆拖在地上，精致的高跟鞋在裙摆中若隐若现。回眸，是百媚生的笑颜；经过，是弥散在空气中的香水味道。

乐儿是世界亚裔小姐大赛的冠军，在她身上类似这样的头衔还有很多。曾经年轻的我们在后台度过了很多的欢乐时光，那时候化妆间里每天都是笑声。一分钟前，侧台还在谈笑风生，一分钟后音乐响起，灯光切换，时尚女王们就霸气登场了。这么多年过去，曾经一起台前台后战斗的模特们都相继成家生子，乐儿现在就是两个孩子的妈妈。可是在她身上我一点也没有看到岁月走过的痕迹，从一个曾经的 T 台大模转换到全职母亲，乐儿的心态调整得非常好。回归生活也不能放弃美丽是很多妈妈们可望不可即的，其实很多的妈妈都有自己的社交圈子，也会有各种时尚的活动。那么，来吧，带上你们的宝贝，穿上一件美丽的晚礼服，做一个红毯上的女王。

● 粉底

　　乐儿自从结婚生子后就基本不演出了，没想到皮肤恰恰在这几年得到了最好的休息。唯一美中不足的就是因为她亲自照顾孩子，睡眠不够好，皮肤的颜色显得比较暗沉。但这并不是难题，一点点薄薄的粉底就可以让她的皮肤光泽明亮起来，我们在这里一定要注意粉底不要涂得过多，粉底量一多，就会显得厚，那样皮肤自身的质感就没有了。

 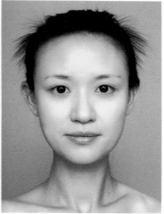

眼睛

　　乐儿的眼睛非常大，是特别容易上妆的。做了妈妈以后，眼神和以前在T台上的犀利相比柔和了很多，这个造型是要把她打造成红毯女王，所以在眼睛的处理上比较夸张。首先是粗黑的眼线，这种眼线很有戏剧色彩，适合双眼间距离比较宽的眼睛，或是眼睑较薄的单眼睑，画这种眼线就会好看。如果是内双的眼睛或是肿眼泡，就不要考虑了，效果肯定不好看。这样的眼线要配合粘贴假睫毛，自己粘假睫毛是可以实现的，粘贴是一只眼睛微睁，将抹好睫毛胶的假睫毛贴在另一只眼睛的睫毛上面一点，用手指把睫毛调整服帖，睁开眼后没有异物感就可以，然后再进行另外一只眼睛。假睫毛的作用就是增加黑白眼球的对比度，夸张眼形，让眼神更加深邃迷人。

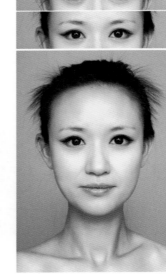

眉毛

乐儿的眉毛比较浅，形状很好，只要稍微加点颜色就会很好看，对于一个在舞台上活跃多年的大模而言，完全有能力驾驭日常的眉毛修饰。对于没有很多化妆经验的普通人，用眉粉顺着自己的眉型轻轻扫几下也不是难事。我一直觉得对着镜子淡扫娥眉是生活的乐趣，各种微整后倒是省心省力了，但生活中的乐趣也随之被省略了。

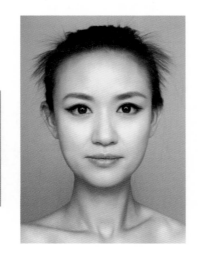

腮红

　　这种红毯造型的腮红可以较之生活造型略重一些，配合整体的
造型会更协调。

◍ 嘴唇

　　嘴唇的描画是这款红毯造型的亮点，饱满凝重的红色配合复古
夸张的眼形，真的是足足的红毯女王范儿。在描画唇型时，从嘴角
往里画，唇型会显得饱满圆润。填色时要用唇刷，注意尽量填满，
不要露出嘴唇原来的颜色，这样在红毯上微笑时才不会失仪。

　　在能绽放的年纪一定要绽放，红毯上婀娜的她就是明天美丽的
你，每个女人都可以成为红毯上的女王，只要你愿意。

我们都已在熟龄，或是走向熟龄；熟龄
的女人自带满身的芬芳，可以缠绵你的心田。
我们相约，在最美的熟龄，做最美的女人！